中学基礎がため100%

物質・エネ　（第1分野）

KUMON

中3 理科 物質・エネルギー（1分野） 本書の特長と使い方

本シリーズは，基礎からしっかりおさえ，十分な学習量によるくり返し学習で，確実に力をつけられるよう，各学年2分冊にしています。**「物質・エネルギー（1分野）」**と**「生命・地球（2分野）」**の２冊そろえての学習をおすすめします。

◆ 本書の使い方 ※ 1 2 …は，学習を進める順番です。

1 単元の最初でこれまでの復習。

「復習」と「復習ドリル」で，これまでに学習したことを復習します。

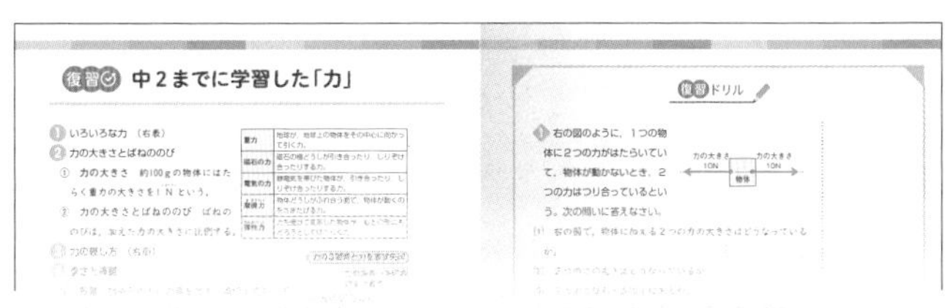

2 各章の要点を確認。

左ページの「学習の要点」を見ながら，右ページの「基本チェック」を解き，要点を覚えます。基本チェックは要点の確認をするところなので，配点はつけていません。

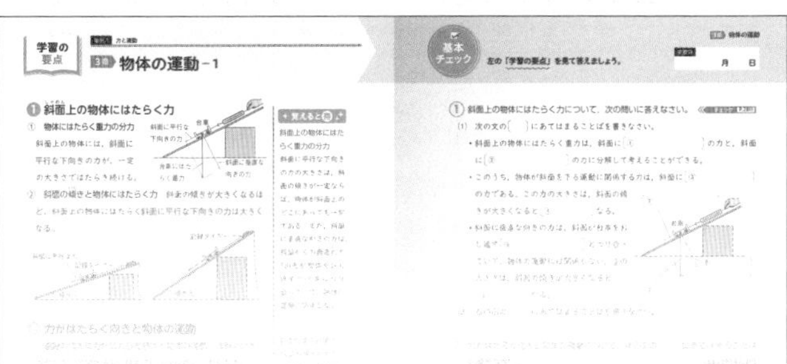

3 3ステップのドリルでしっかり学習。

「基本ドリル（100点満点）」・
「練習ドリル（50点もしくは100点満点）」・
「発展ドリル（50点もしくは100点満点）」の3つのステップで，くり返し問題を解きながら力をつけます。

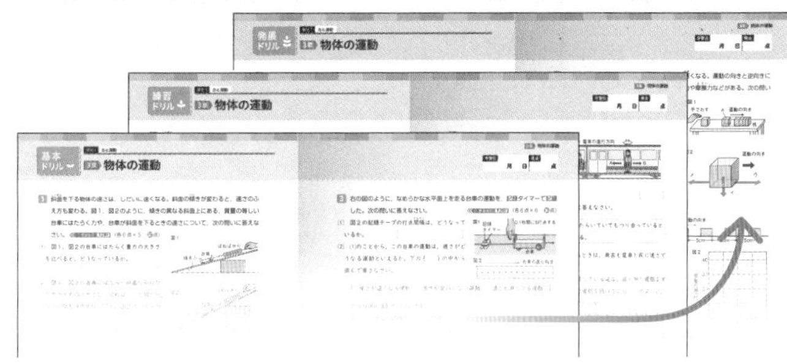

4 最後にもう一度確認。

「まとめのドリル（100点満点）」・
「定期テスト対策問題（100点満点）」で，最後の確認をします。

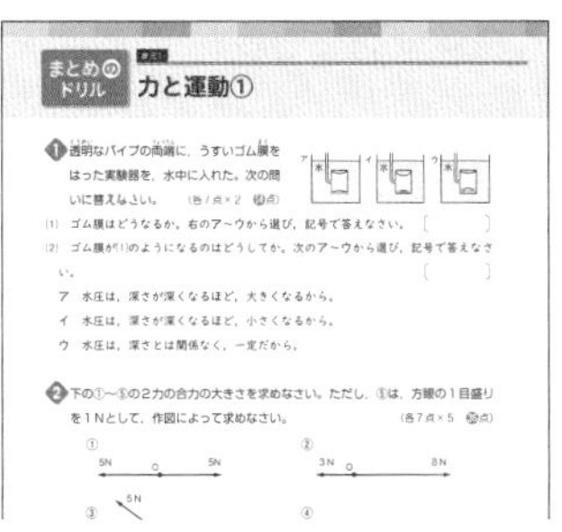

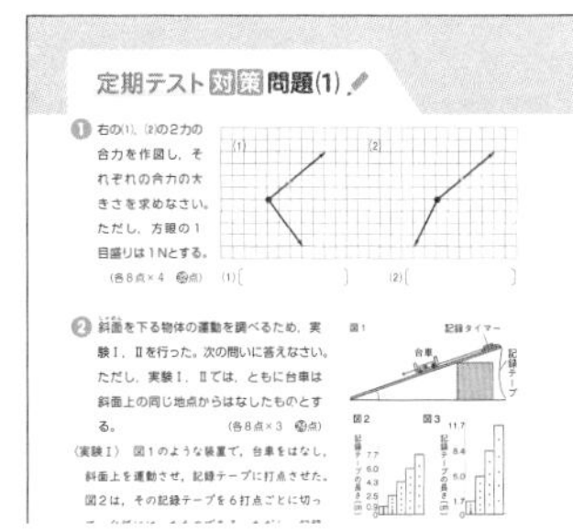

中3理科 ｜ 目次

物質・エネルギー （1分野）

復習 中2までに学習した「力」 …… 4～5

単元1 力と運動

1章 力のつり合い …… 6～19
学習の要点・基本チェック ｜ ❶ 力の合成①
学習の要点・基本チェック ｜ ❷ 力の合成② ❸ 力の分解
学習の要点・基本チェック ｜ ❹ 水圧 ❺ 浮力
基本ドリル
練習ドリル①
練習ドリル②
発展ドリル

2章 運動の速さと向き …… 20～27
学習の要点・基本チェック ｜ ❶ いろいろな運動 ❷ 速さ
学習の要点・基本チェック ｜ ❸ 運動の記録
基本ドリル
練習ドリル
発展ドリル

3章 物体の運動 …… 28～37
学習の要点・基本チェック ｜ ❶ 斜面上の物体にはたらく力 ❷ 力がはたらく向きと物体の運動
学習の要点・基本チェック ｜ ❸ 等速直線運動 ❹ 慣性の法則 ❺ 作用と反作用
基本ドリル
練習ドリル
発展ドリル

まとめのドリル① …… 38～39
まとめのドリル② …… 40～41
定期テスト対策問題(1) …… 42～43
定期テスト対策問題(2) …… 44～45

復習 中2までに学習した「てこ」「電流のはたらき」 …… 46～47

単元2 仕事とエネルギー

4章 仕事 …… 48～57
学習の要点・基本チェック ｜ ❶ 仕事
学習の要点・基本チェック ｜ ❷ 仕事の原理 ❸ 仕事率
基本ドリル
練習ドリル
発展ドリル

5章 エネルギー …… 58～67
学習の要点・基本チェック ｜ ❶ 物体がもつエネルギー
学習の要点・基本チェック ｜ ❷ エネルギーの移り変わり
基本ドリル
練習ドリル
発展ドリル

まとめのドリル …… 68～69
定期テスト対策問題(3) …… 70～71
定期テスト対策問題(4) …… 72～73

復習 中2までに学習した「水溶液」「化学変化」…………… 74～75

単元3 化学変化とイオン

6章 水溶液とイオン …………… 76～85

学習の要点・基本チェック ❶電解質と非電解質 ❷原子の成り立ち
学習の要点・基本チェック ❸イオンのでき方 ❹水溶液中のイオン
基本ドリル
練習ドリル
発展ドリル

7章 電気分解と電池 ………… 86～95

学習の要点・基本チェック ❶塩化銅水溶液の電気分解 ❷塩酸の電気分解
学習の要点・基本チェック ❸金属イオンへのなりやすさ ❹化学変化と電池
基本ドリル
練習ドリル
発展ドリル

8章 酸・アルカリとイオン … 96～105

学習の要点・基本チェック ❶酸性の水溶液とイオン ❷アルカリ性の水溶液とイオン
学習の要点・基本チェック ❸中和とイオン
基本ドリル
練習ドリル
発展ドリル

まとめのドリル① ……………… 106～107
まとめのドリル② ……………… 108～109
定期テスト対策問題(5) ………… 110～111
定期テスト対策問題(6) ………… 112～113

復習 小学校で学習した「人間と自然」………………… 114～115

単元4 科学技術と人間

9章 科学技術と人間 ……… 116～127

学習の要点・基本チェック ❶さまざまな物質の利用と変化 ❷プラスチックの性質
学習の要点・基本チェック ❸エネルギー資源と利用 ❹熱の伝わり方と変換効率
学習の要点・基本チェック ❺放射線の性質と利用 ❻科学技術の進歩
基本ドリル
練習ドリル
発展ドリル

まとめのドリル ………………… 128～129
定期テスト対策問題(7) ………… 130～131

中学の理科 分野のまとめテスト(1) …… 132～133
中学の理科 分野のまとめテスト(2) …… 134～135

復習 中2までに学習した「力」

1 いろいろな力 （右表）

重力	地球が，地球上の物体をその中心に向かって引く力。
磁石の力	磁石の極どうしが引き合ったり，しりぞけ合ったりする力。
電気の力	静電気を帯びた物体が，引き合ったり，しりぞけ合ったりする力。
摩擦力（まさつりょく）	物体どうしがふれ合う面で，物体が動くのをさまたげる力。
弾性力（だんせいりょく）	力を受けて変形した物体が，もとの形にもどろうとしてはたらく力。

2 力の大きさとばねののび

① **力の大きさ**　約100 gの物体にはたらく重力の大きさを1 N（ニュートン）という。

② **力の大きさとばねののび**　ばねののびは，加えた力の大きさに比例する。

3 力の表し方 （右図）

力の３要素と力を表す矢印

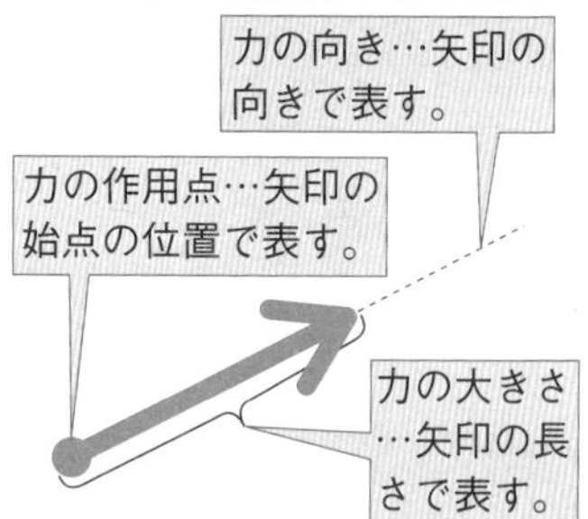

力の向き…矢印の向きで表す。
力の作用点…矢印の始点の位置で表す。
力の大きさ…矢印の長さで表す。

4 重さと質量

① **質量**　物体そのものの量を表す。場所が変わっても変化しない。上皿てんびんではかることができる。

② **重さ**　物体にはたらく重力の大きさ。場所が変わると変化する。ばねばかりではかることができる。

5 2力のつり合い

① **力のつり合い**　１つの物体に２つ以上の力がはたらいていて物体が動かないとき，物体にはたらく力はつり合っている。

② **２力のつり合いの条件**

- ２力が同一直線上にある。
- ２力の向きが反対である。
- ２力の大きさが等しい。

物体が静止
力の大きさ　力の大きさ
物体
10N　10N
力が同一直線上にはたらく

6 圧力

① **圧力**　$1 m^2$あたりの面を，垂直におす力の大きさ。単位は，パスカル（Pa）。

$$\text{圧力〔Pa〕} = \frac{\text{面を垂直におす力の大きさ〔N〕}}{\text{力がはたらく面積〔}m^2\text{〕}} \qquad 1\,Pa = 1\,N/m^2$$

② **大気圧（気圧）**　空気の重さによる圧力。単位は，ヘクトパスカル（hPa）。

海面上の平均気圧の約1013hPaを，１気圧という。

復習ドリル

1 右の図のように，１つの物体に２つの力がはたらいていて，物体が動かないとき，２つの力はつり合っているという。次の問いに答えなさい。

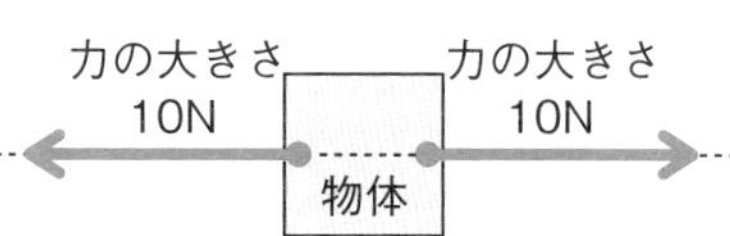

(1) 右の図で，物体に加える２つの力の大きさはどうなっているか。〔　　　　〕

(2) ２つの力の向きはどうなっているか。〔　　　　〕

(3) ２つの力は同一直線上にあるか。〔　　　　〕

(4) 図の右向きの力の大きさを12Nにすると，物体は右へ動いた。このとき，２つの力はつり合っているといえるか。

〔　　　　〕

2 図１のグラフは，あるばねに力を加えたときの，力の大きさとばねの長さの関係を表したものである。このばねに，図２のような直方体の物体をつるしたところ，ばねの長さは25cmになった。次の問いに答えなさい。

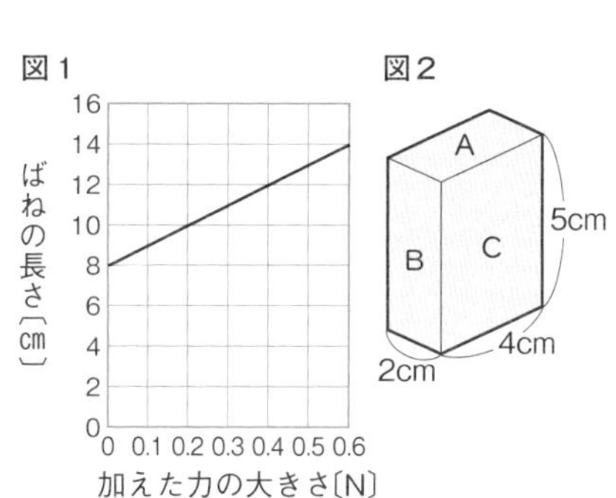

(1) このばねの，もとの長さは何cmか。〔　　　　〕

(2) この直方体の物体にはたらく重力の大きさは何Nか。

〔　　　　〕

(3) この直方体の物体をスポンジの上に置いた。スポンジが最も大きくへこむのは，A～C面のどの面を下にして置いたときか。また，そのときにスポンジが受ける圧力は何Paか。

面〔　　　　〕　圧力〔　　　　〕

思い出そう

◀ばねに加えた力と，ばねの長さの関係を表すグラフでは，加えた力が０のときの長さが，ばねのもとの長さである。

◀どの面を下にしても，物体がスポンジをおす力の大きさは同じである。ただし，圧力は単位面積（$1\ m^2$）あたりの力の大きさなので，接している面積が小さいほうが，圧力は大きくなる。

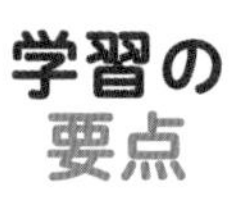

1章 力のつり合い－1

❶ 力の合成①

① **合力(ごうりょく)と力の合成**　２つの力と同じはたらきをする１つの力を，合力といい，合力を求めることを，力の合成という。

② **同一直線上にはたらく２力の合力**

● **同じ向きの２力の合力**…合力 F の向きは２力 F_1，F_2 と同じ向きで，合力 F の大きさは**２力の大きさの和**になる。

$F = F_1 + F_2$（２力の和）

F_1 と F_2 の向きが同じなので，F_1 と F_2 の合力は，
100N＋300N＝400N
よって，物体には，右向きに400Nの力がはたらく。

● **反対向きの２力の合力**…合力 F の向きは２力 F_1，F_2 のうち，力の大きい方と同じ向きで，合力 F の大きさは**２力の大きさの差**になる。２力の大きさが同じ場合には合力が０となるので，２力はつり合う。

$F = F_2 - F_1$（$F_2 > F_1$，２力の差）

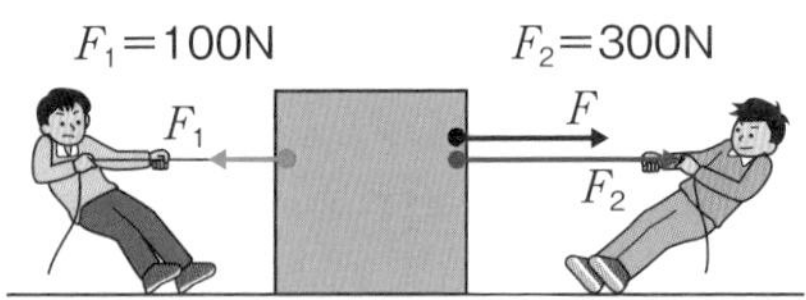

F_1 と F_2 の向きが反対なので，F_1 と F_2 の合力は，
300N－100N＝200N
よって，物体には，右向きに200Nの力がはたらく。

! ミスに注意

つり合っているときの合力

２力がつり合っているときは，合力は０である。

重要 テストに出る

●合力が０のときは物体は静止している。合力が０でない場合，大きいほうの力の向きに物体は動く。

左の「学習の要点」を見て答えましょう。

学習日　　月　　日

1 力の合成について，次の〔　　〕にあてはまることばや記号を書きなさい。

チェック P.6 ❶

(1)　２つの力と同じはたらきをする１つの力を，〔①　　　　　〕という。また，この力を求めることを〔②　　　　　〕という。

(2)　次の①，②のとき，同一直線上にはたらく２力（F_1，F_2）の合力（F）の大きさを，式で表しなさい。

①　F_1とF_2の向きが同じとき。

$F = F_1$〔　　　〕F_2

②　F_1とF_2の向きが反対で，F_1がF_2よりも大きいとき。

$F = F_1$〔　　　〕F_2

2 合力について，次の問いに答えなさい。

チェック P.6 ❶

(1)　下の①，②の物体にはたらく２力の合力Fを，矢印で表しなさい。

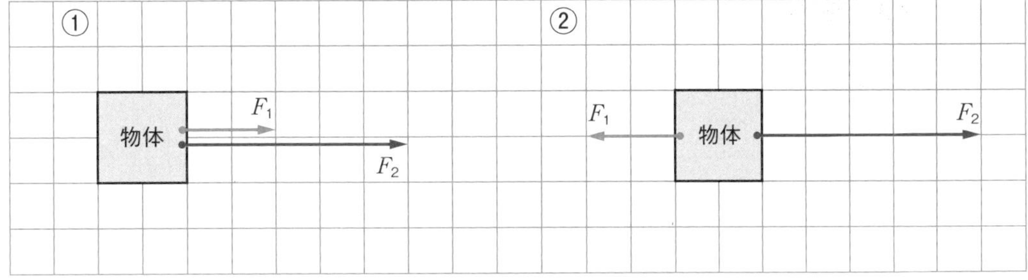

(2)　下の①～③の点Oにはたらく２力の合力を，作図によって矢印で表しなさい。

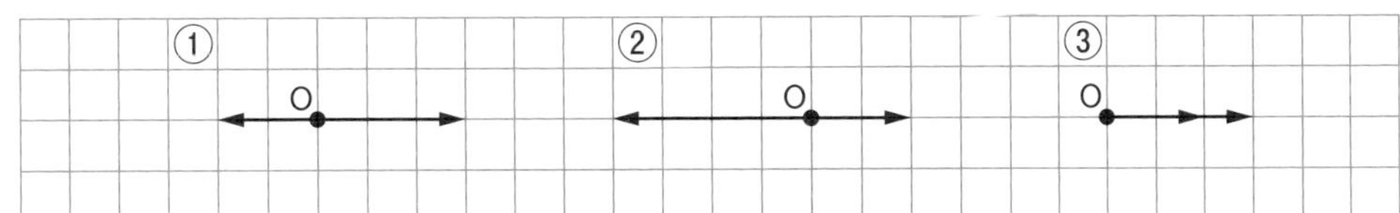

1章 力のつり合い－2

② 力の合成②

① **角度をもってはたらく２力の合成** 角度をもってはたらく２力の合力は，その２力を表す矢印を２辺とする平行四辺形の対角線で表される。

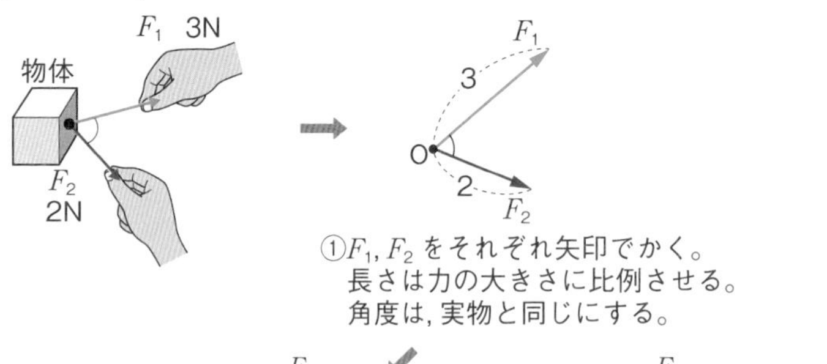

①F_1, F_2 をそれぞれ矢印でかく。
長さは力の大きさに比例させる。
角度は，実物と同じにする。

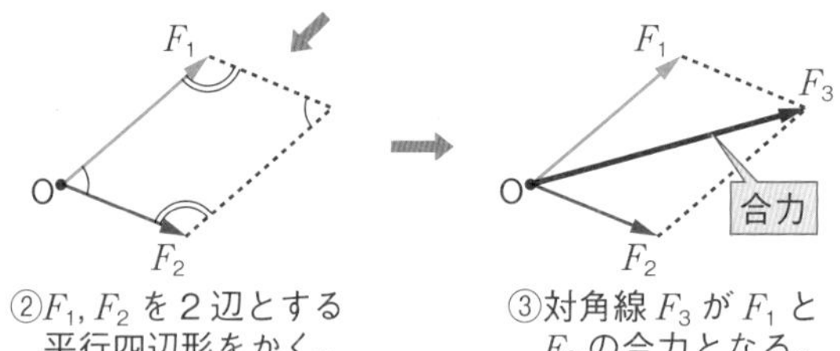

②F_1, F_2 を２辺とする平行四辺形をかく。
③対角線 F_3 が F_1 と F_2 の合力となる。

③ 力の分解

① **分力(ぶんりょく)** １つの力と同じはたらきをする２つの力を，それぞれもとの力の**分力**という。

② **力の分解** 分力を求めることを力の分解という。分力は，分けようとするもとの力を対角線とする平行四辺形の隣(とな)り合う２辺で表される。

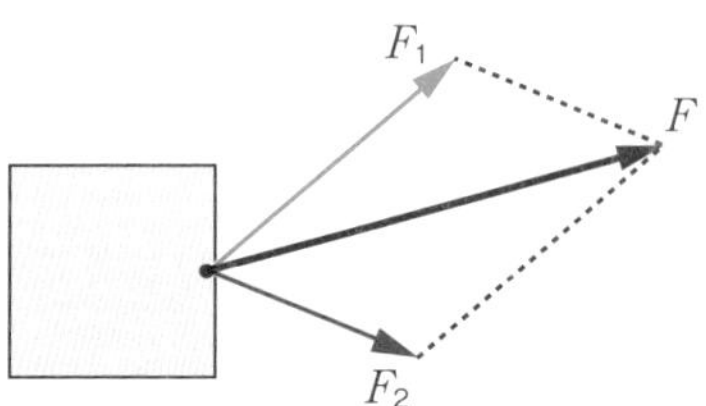

F_1とF_2は，Fの分力。
したがって，物体をFの力で引くことと，F_1とF_2の2力で引くことは，同じはたらきをする。

力Fを，A・B２つの方向の力に分解する場合

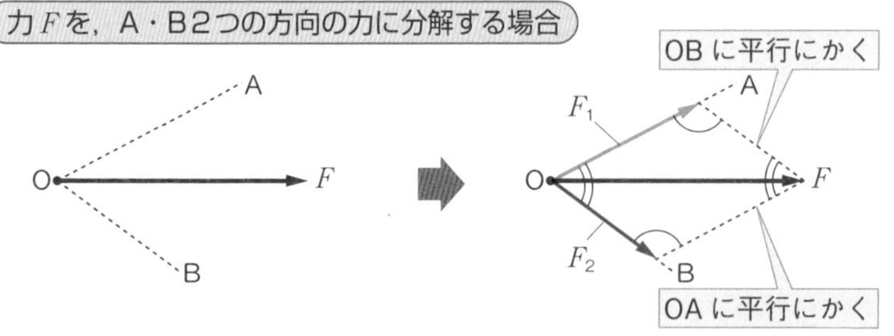

力Fが対角線となる平行四辺形をかく。

覚えると得

合力と角度

２力の間の角度が小さいほど，合力は大きくなる。

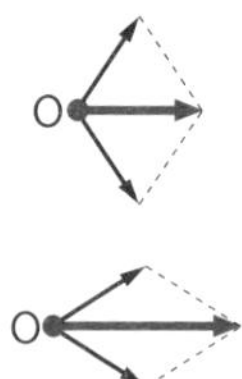

分力と角度

分力の間の角度が大きいほど，それぞれの分力は大きくなる。

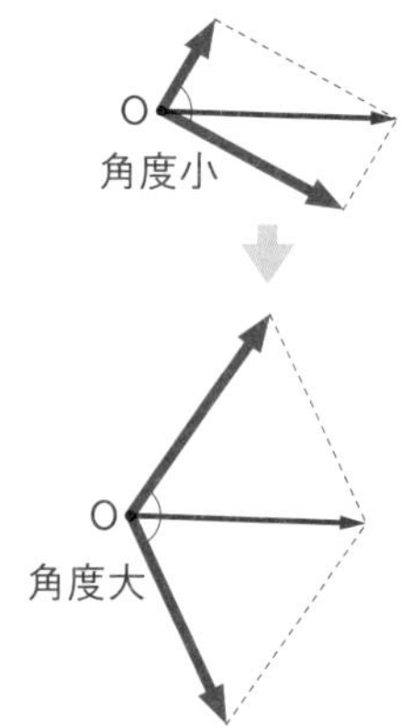

斜面(しゃめん)上の物体にはたらく力

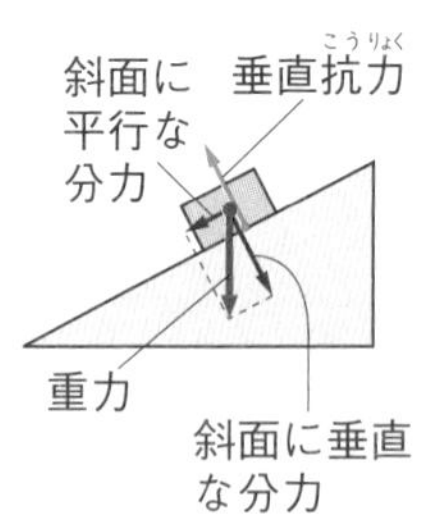

左の「学習の要点」を見て答えましょう。

学習日　　月　　日

3 次の2力F_1，F_2の合力Fを，手順にしたがって作図しなさい。

チェック P.8 ②

① F_2の先端(せんたん)を通り，F_1に平行な線をかきなさい。

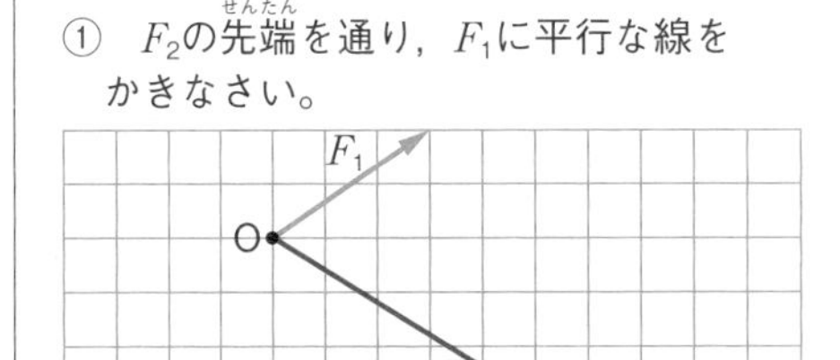

② F_1の先端を通り，F_2に平行な線をかきなさい。

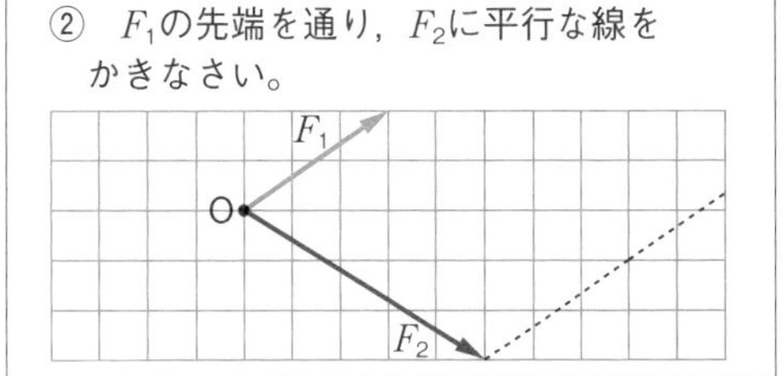

③ F_1，F_2の矢印を2辺とする平行四辺形の対角線にFをかきなさい。

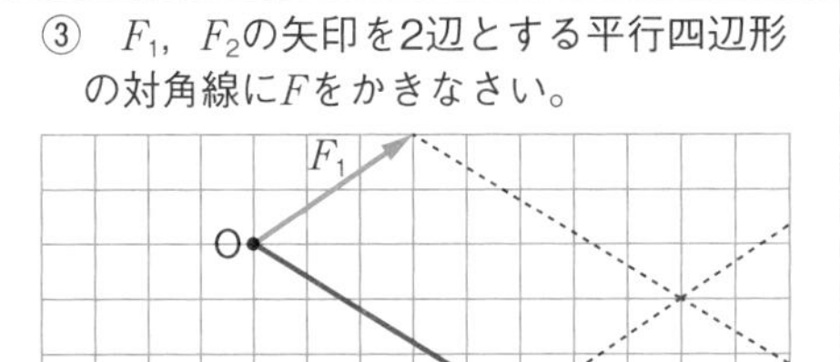

4 力の分解について，次の文の〔　〕にあてはまることばを書きなさい。

チェック P.8 ③

1つの力と同じはたらきをする2つの力を，それぞれもとの力の〔①　　〕という。また，この力を求めることを〔②　　〕という。

5 次の力FのA，B方向の分力F_A，F_Bを，手順にしたがって作図しなさい。

チェック P.8 ③

① Fの先端を通り，A方向の破線に平行な線をかきなさい。

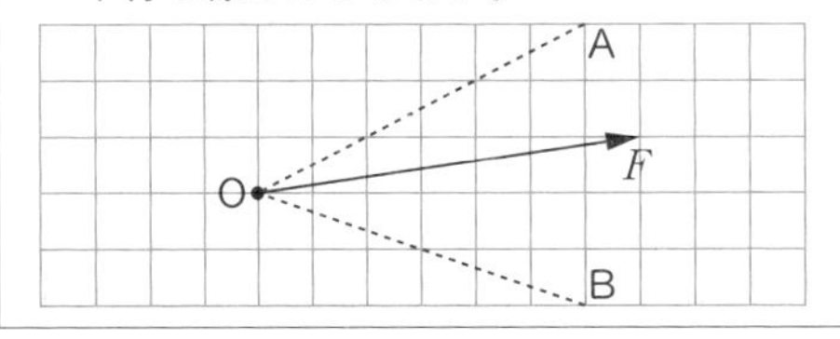

② Fの先端を通り，B方向の破線に平行な線をかきなさい。

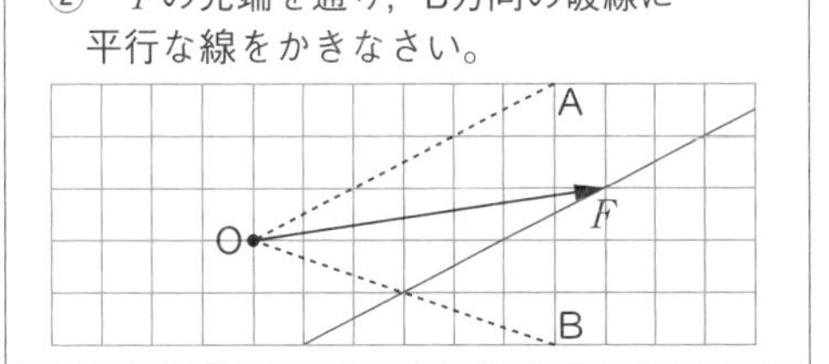

③ A方向の平行四辺形の1辺をF_Aとして矢印をかきなさい。

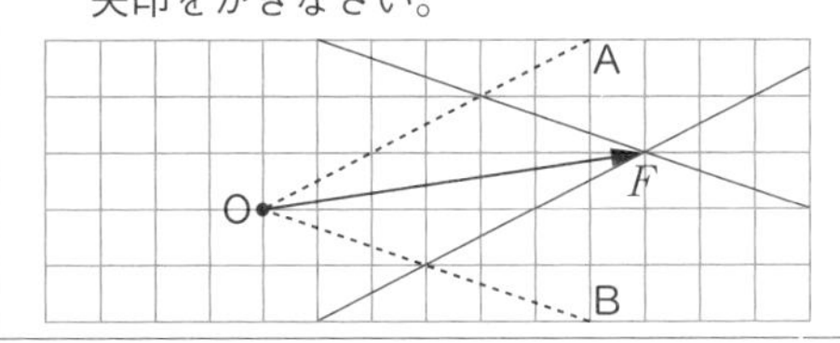

④ B方向の平行四辺形の1辺をF_Bとして矢印をかきなさい。

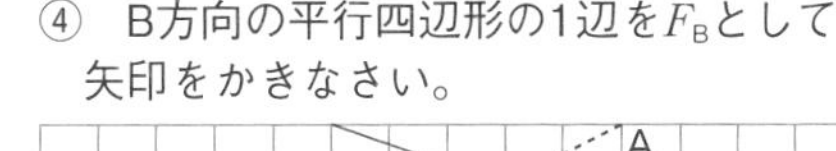

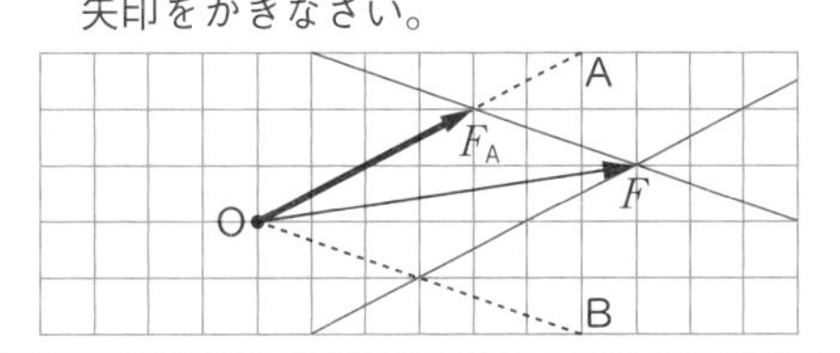

1章 力のつり合い－3

④ 水圧

① **水圧** 水中で，水の重さによってはたらく圧力。
↳水1cm³にはたらく重力は，約0.01N。

② **水圧のはたらき方**

● **はたらく向き**…水中のある1点には，水圧があらゆる方向から，同じ大きさではたらいている。

● **はたらく大きさ**…水圧は，深いところほど大きい。

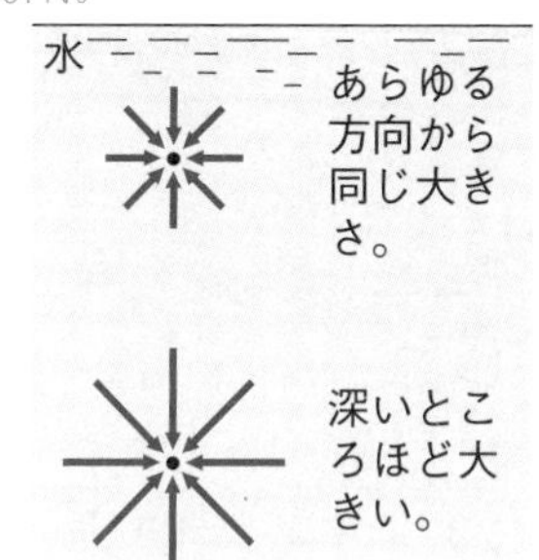

③ **水の深さと水圧の関係** 水面からの深さが深くなるほど，その地点より上にある水の量が多くなって水の重さが増すため，水圧も大きくなる。

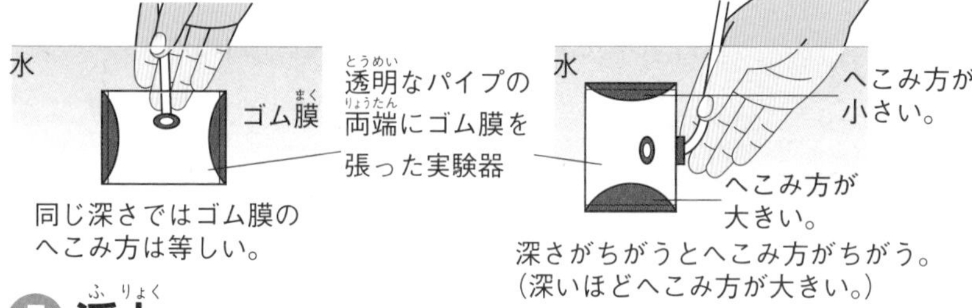

同じ深さではゴム膜のへこみ方は等しい。
深さがちがうとへこみ方がちがう。（深いほどへこみ方が大きい。）

⑤ 浮力

① **浮力** 物体が水中で受ける上向きの力。水中にある物体の体積が大きいほど，浮力は大きい。
↳下向きの力は重力。

② **浮力の大きさ** 水の深さや物体の重さに関係しない。

（空気中ではかったときのばねばかりの目盛り）－（水中ではかったときのばねばかりの目盛り）＝（浮　力）

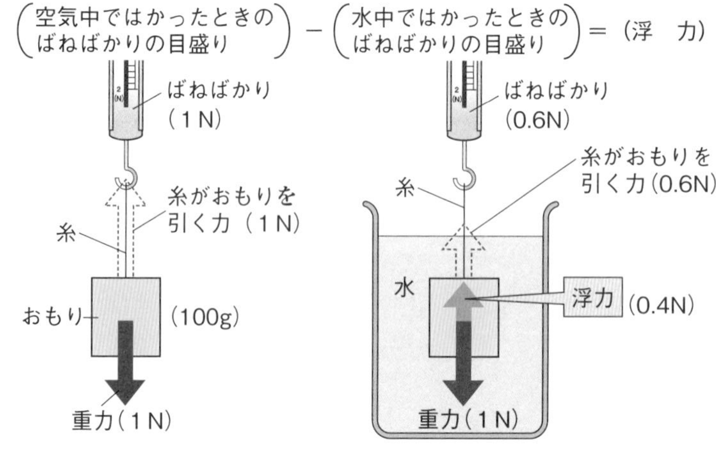

覚えると得

水の深さと水圧

水中で深さが1m増すと，底面積1m²の上にある水の体積は1m³ずつ増す。水1m³の重さは約10000Nなので，水圧は約10000N/m²増す。

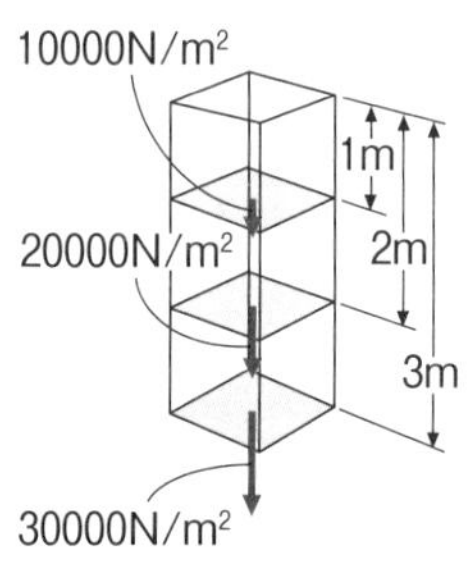

浮力が生じる理由

水圧は水の深さに比例するので，水中にある物体にはたらく力は，深いところと浅いところで差ができる。この差が浮力である。

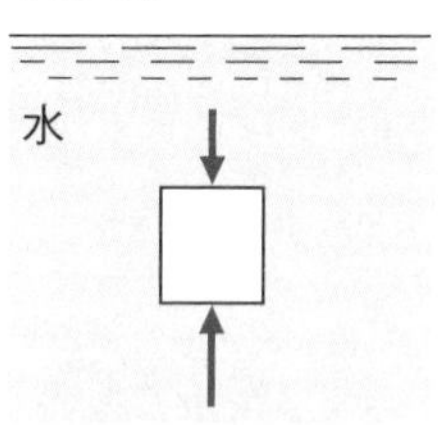

上面にはたらく力より，底面にはたらく力のほうが大きいので，上向きの力が物体にはたらく。

左の「学習の要点」を見て答えましょう。

学習日　　月　　日

⑥ 水圧について，次の問いに答えなさい。

チェック P.10④

(1) 次の文の〔　〕にあてはまることばを書きなさい。

- 水中で，水の重さによってはたらく圧力を〔①　　　〕という。
- 水中のある1点には，①が〔②　　　〕からはたらいており，その大きさは〔③　　　〕である。

(2) 次の図の〔　〕にあてはまることばを書きなさい。

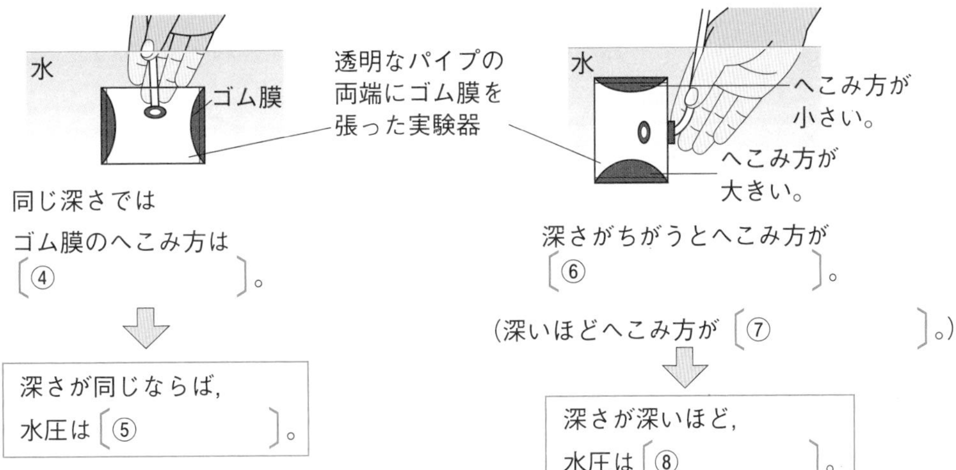

⑦ 浮力について，次の文の〔　〕にあてはまることばを書きなさい。

チェック P.10⑤

- 物体が水中で受ける上向きの力を〔①　　　〕という。
- ①は，水の深さや物体の重さに関係〔②　　　〕。
- 水圧は水の深さに〔③　　　〕するので，水中にある物体にはたらく力の大きさは，その物体の上面より底面のほうが〔④　　　〕なる。この差が①である。
- 浮力の大きさを，空気中と水中ではかったばねばかりの目盛りで表すと，次のようになる。

浮力＝〔⑤　　　〕－〔⑥　　　〕

基本ドリル

1章 力のつり合い

1 下の①～⑤の２力の合力を，作図によって矢印で表しなさい。

チェック P.8 ❷ (各６点×５ 30点)

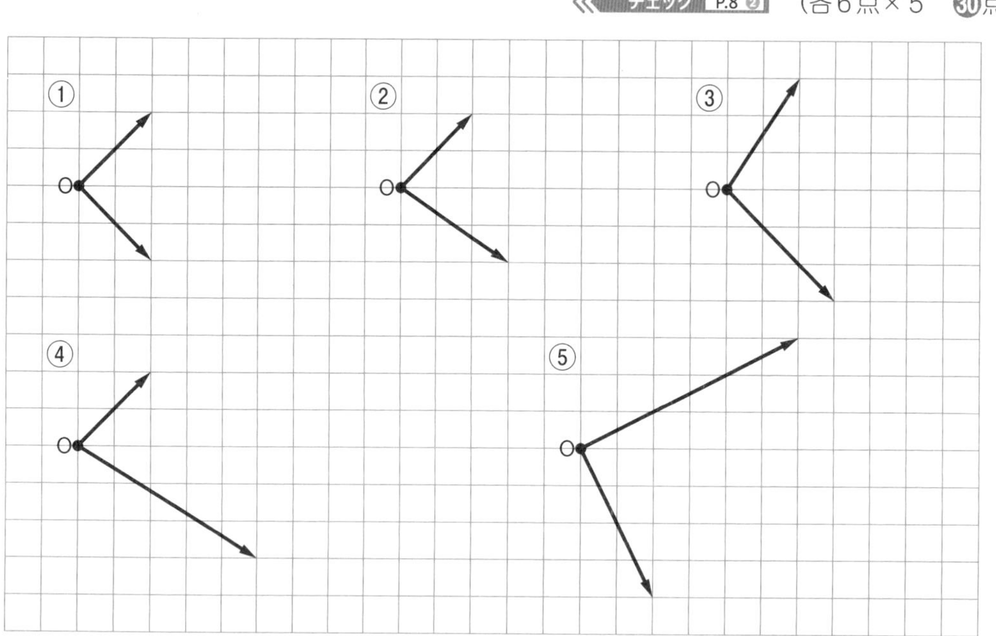

2 下の①～⑤の力のA，B方向の分力を，作図によって矢印で表しなさい。

チェック P.8 ❸ (各６点×５ 30点)

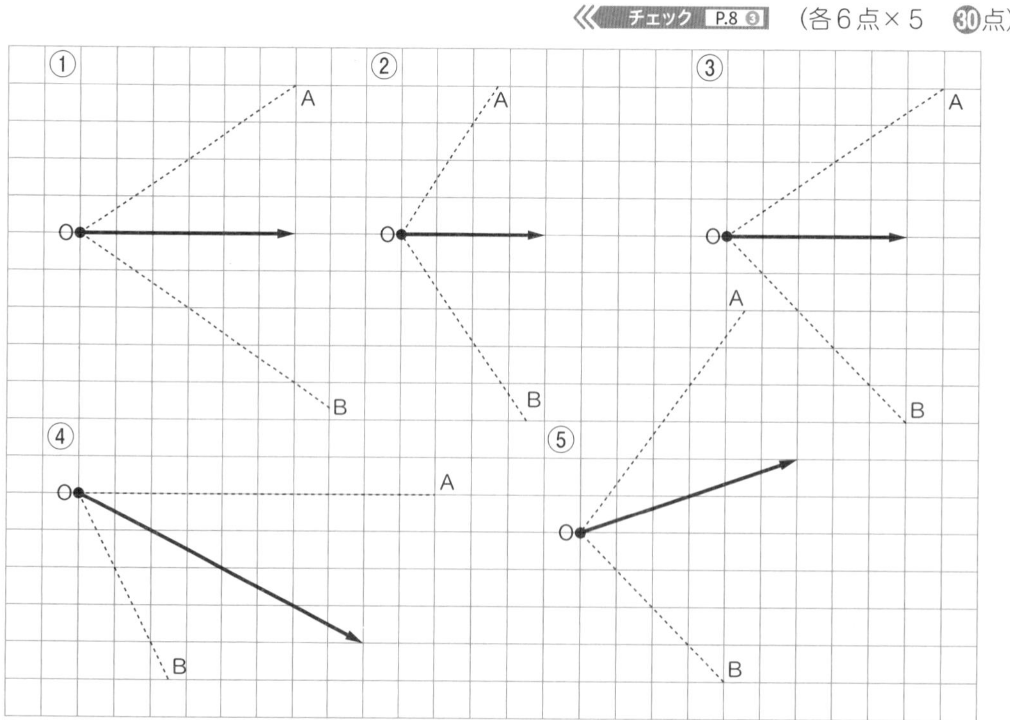

3 図1のような容器に水を入れた。次の問いに答えなさい。

チェック P.10④ (各5点×6 30点)

図1

(1) A～C点のうち，水圧が最も大きい地点はどこか。

〔　　　　〕

(2) A～C点のうち，水圧が最も小さい地点はどこか。

〔　　　　〕

(3) 図1のD，E，Fに穴があいているとき，水が最も勢いよく飛び出す穴はどれか。 〔　　　　〕

(4) 図2のような，透明なパイプにゴム膜を張った実験器を，図1のA～C点にそれぞれ入れたとき，次のア～ウのようになった。ア～ウは，それぞれA～C点のどの地点のようすか。

図2

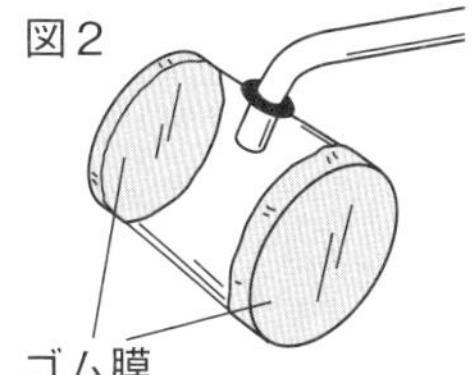

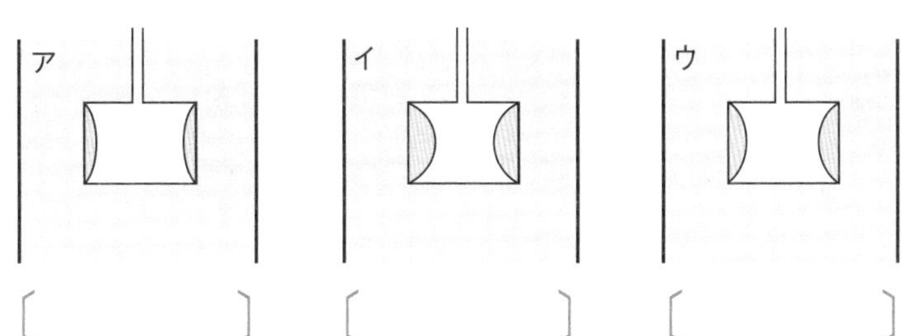

〔　　　　〕 〔　　　　〕 〔　　　　〕

4 水中の物体が水から受ける力について，次の問いに答えなさい。

チェック P.10⑤ (各5点×2 10点)

(1) 水中にある物体にはたらく水圧を，矢印を用いて表すとどうなるか。次のア～エから選び，記号で答えなさい。 〔　　　　〕

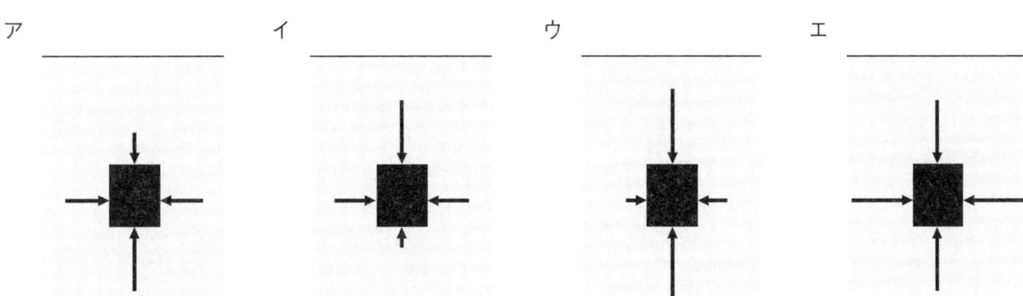

(2) 水中の物体が受ける上向きの力を何というか。 〔　　　　〕

練習ドリル

単元1　力と運動

1章　力のつり合い①

1 方眼の1目盛りを1Nとして，下の①〜③の2力の合力の大きさを，例にならって作図によって求めなさい。　(各7点×3　21点)

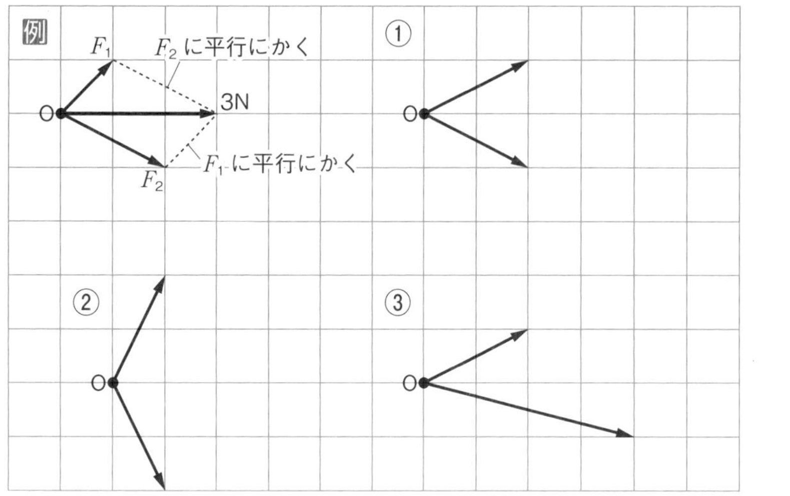

①〔　　　　〕
②〔　　　　〕
③〔　　　　〕

2 下の①，②の力 F を，それぞれ2つの力に分解したとき，一方の分力が力OAとなるように，他方の分力の大きさを，作図によって求めなさい。ただし，方眼の1目盛りを1Nとする。　(各9点×2　18点)

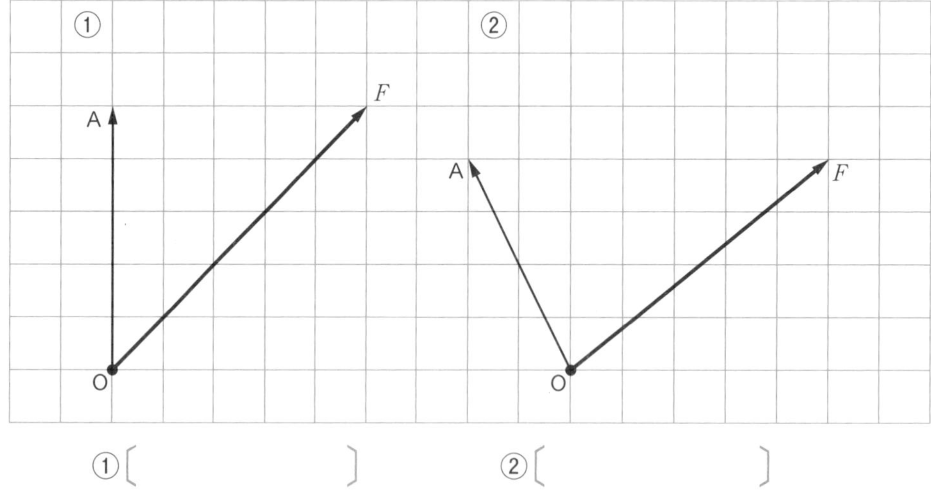

①〔　　　　〕　②〔　　　　〕

1 2力を表す矢印を2辺とする平行四辺形の対角線が，合力である。方眼の1目盛りが1Nなので，矢印が2目盛りならば，力の大きさは2Nとなる。

2 OAを1辺とし，力 F を対角線とする平行四辺形を，作図して求める。

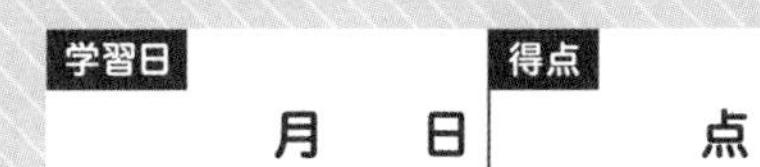

3 1つの力は，これと同じはたらきをする2つの力に分けることができる。これについて，次の問いに答えなさい。 (各7点×7 49点)

(1) ①，②の力Fを，A・Bの2つの方向の力F_1と力F_2に分解しなさい。

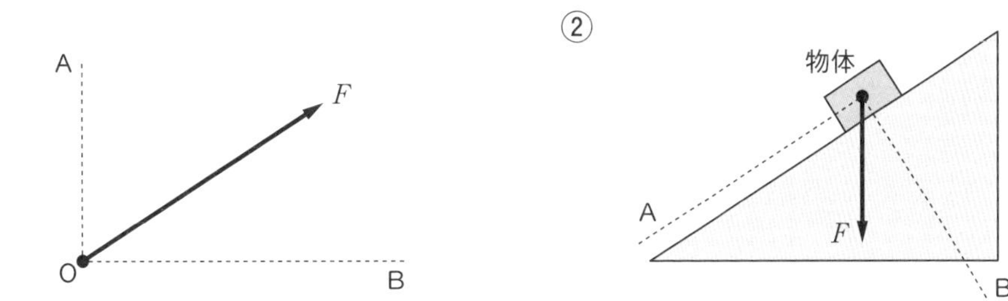

(2) (1)のように，2つの力に分けることを力の分解といい，分けて求められた2つの力をもとの力の分力というとき，①のF，F_1，F_2のうち，どれとどれが分力か。

〔　　　　〕〔　　　　〕

(3) (1)の②で，Fは，物体にはたらくどんな力を表しているか。 〔　　　　〕

(4) (1)の②で，斜面(しゃめん)に平行な方向と斜面に垂直な方向の2つの分力のうち，大きい力はどちらか。 〔　　　　〕

(5) ある1つの力を2力に分解するとき，分解する方向が示されていない場合は，何通りにも分解することができるか。それとも，ただ1通りの分解しかできないか。

〔　　　　〕

4 下のア～ウのうち，合力の大きさが最も大きいものと，最も小さいものはそれぞれどれか。記号で答えなさい。 (各6点×2 12点)

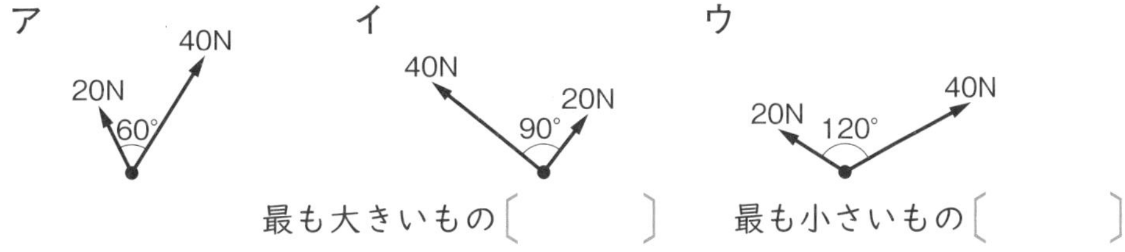

最も大きいもの〔　　　〕 最も小さいもの〔　　　〕

3 (5)力の分解は，力の合成の逆と考えることもできる。しかし，分力の方向が示されていない場合，何通りにも力の分解ができてしまう。

4 2力の間の角度が小さいほど，合力は大きくなる。

練習ドリル

単元1 力と運動

1章 力のつり合い②

1 右の図のような円筒(えんとう)の容器の側面に，A，B，Cの穴をあけ，水をいっぱいに入れた。次の問いに答えなさい。

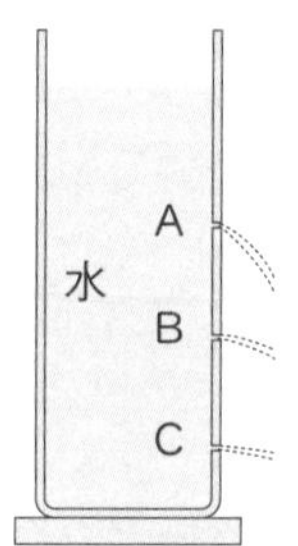

(各9点×2　18点)

(1) 容器の穴A，B，Cのうち，水のふき出す勢いが最も強い穴はどれか。記号で答えなさい。〔　　〕

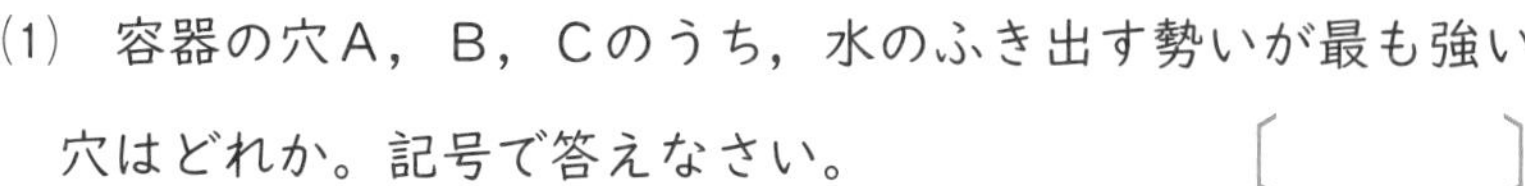

(2) 水がふき出して水面が下がるにつれて，Cの穴からふき出す水の勢いはどうなるか。〔　　〕

2 右の図のような，透明(とうめい)なパイプの両端(りょうたん)にうすいゴム膜(まく)を張った実験器を，水中に入れた。このときのゴム膜のようすを正しく表しているのはどれか。それぞれのア～エから選び，記号で答えなさい。(各9点×2　18点)

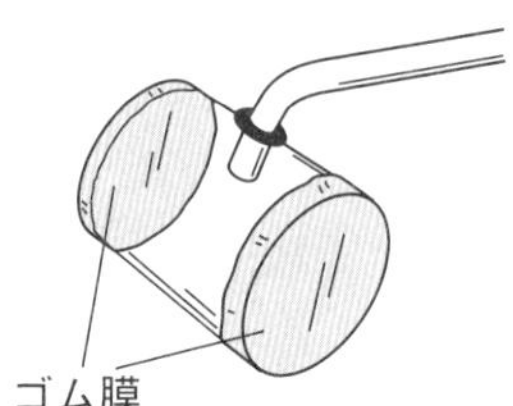

① 実験器を縦にして，水中に入れたとき。〔　　〕

ア
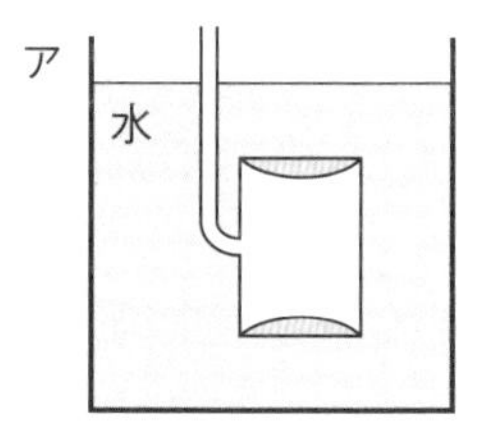

イ
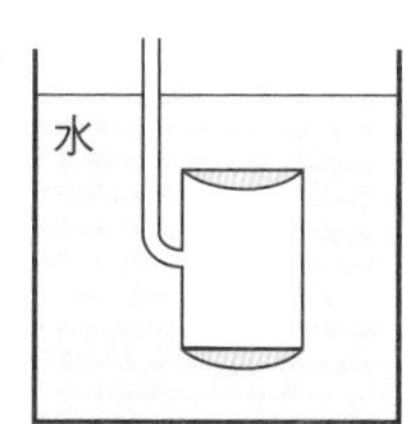

ウ
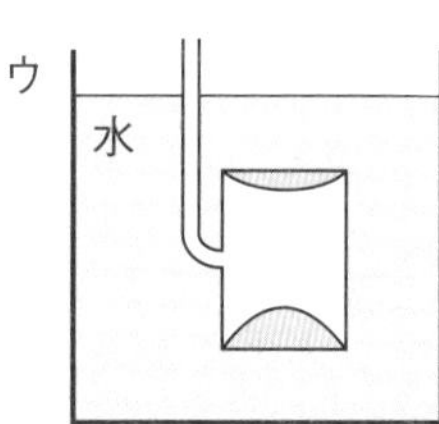

エ
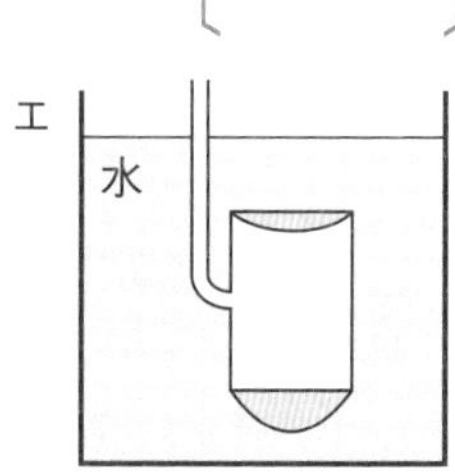

② 実験器を横にして，水中に入れたとき。〔　　〕

ア
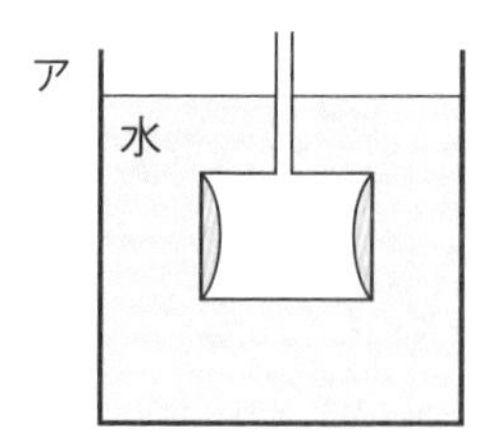

イ
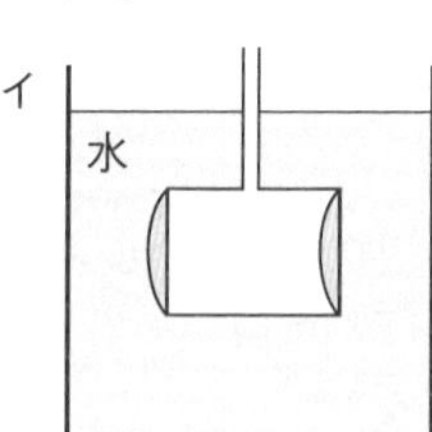

ウ
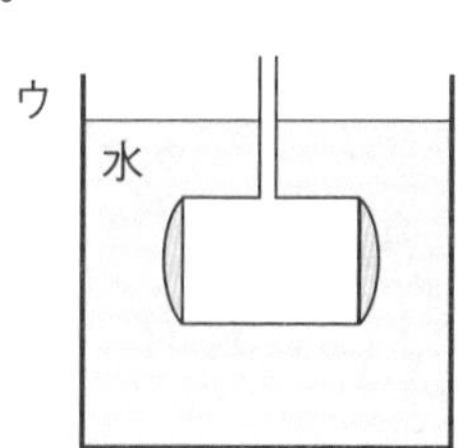

エ
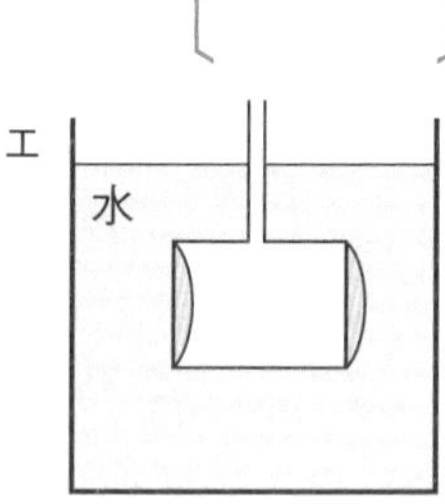

1 (1)水圧が大きいほど，水は勢いよく出る。

2 水圧は水の深さに比例する。また，水圧はあらゆる方向にはたらく。

学習日　月　日　得点　点

3 物体が水中で受ける上向きの力を浮力(ふりょく)という。この浮力の大きさを調べる実験をした。100 gの物体にはたらく重力の大きさを1Nとして，次の問いに答えなさい。

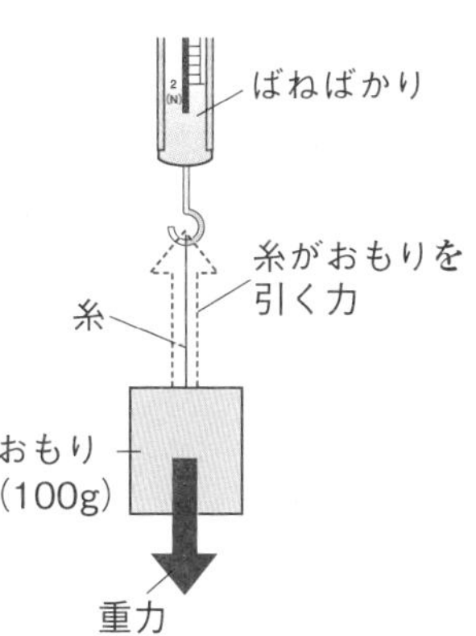

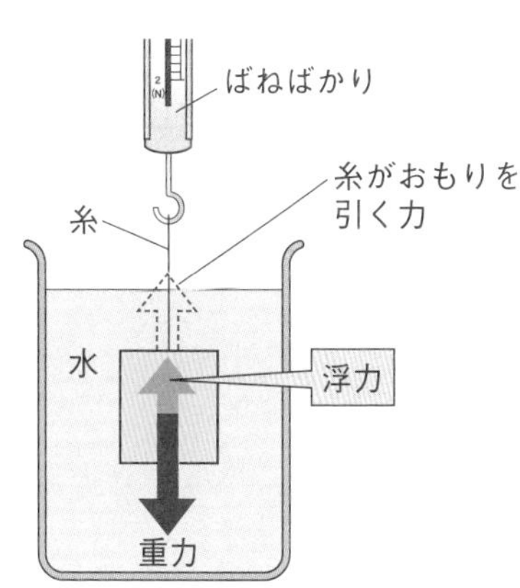

(各8点×8　64点)

(1) 空気中で，100 gのおもりをばねばかりではかると，何Nを示すか。

〔　　　　〕

(2) (1)のとき，おもりにはたらいている力を2つ書きなさい。

〔　　　　〕
〔　　　　〕

(3) 同じおもりを水中に沈(しず)めると，ばねばかりは0.6Nを示した。このとき，糸がおもりを引く力は何Nか。〔　　　　〕

(4) (3)のとき，おもりにはたらく重力は何Nか。〔　　　　〕

(5) (空気中ではかったときのばねばかりの目盛り)－(水中ではかったときのばねばかりの目盛り)は，何の大きさを示しているか。

〔　　　　〕

(6) (5)の力は，上向きと下向きのどちらの向きの力か。

〔　　　　〕

(7) (5)の大きさは何Nか。

〔　　　　〕

3 (4)物体を水中に沈めても，物体にはたらく重力の大きさは変わらない。

(7)(重力)－(水中で糸がおもりを引く力)＝(おもりが水中で受ける上向きの力)である。

1章 力のつり合い

1 次の問いに答えなさい。　(各8点×4　32点)

(1) 下の①，②の２力の合力を，作図によって矢印で表しなさい。

①

②

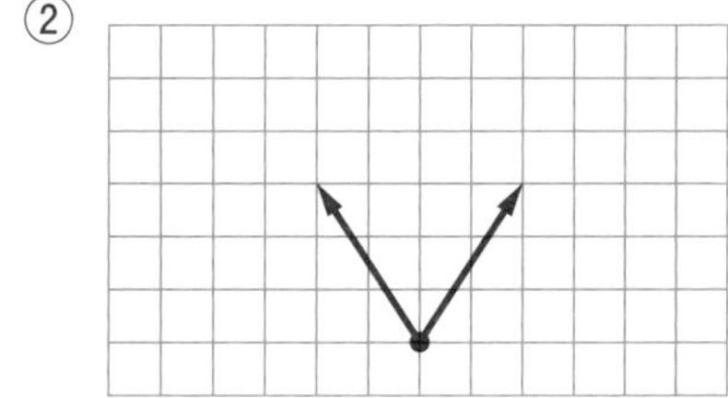

(2) 方眼の１目盛りを１Nとして，下の①，②の２力の合力の大きさを求めなさい。

①

〔　　　〕

②

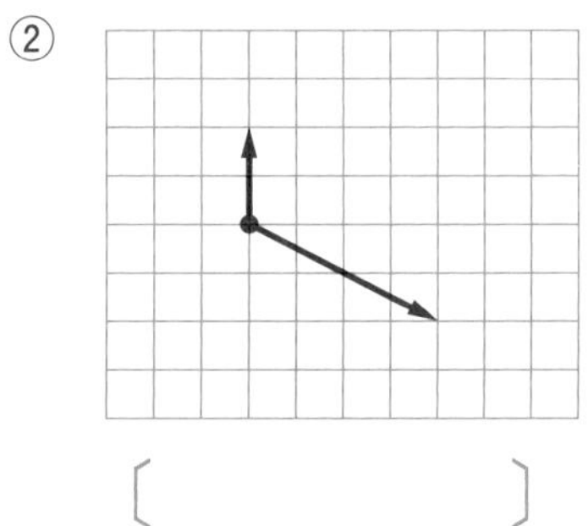

〔　　　〕

2 右の図は，斜面(しゃめん)上の物体にはたらく重力を，２つの力に分解したものである。次の問いに答えなさい。　(各6点×5　30点)

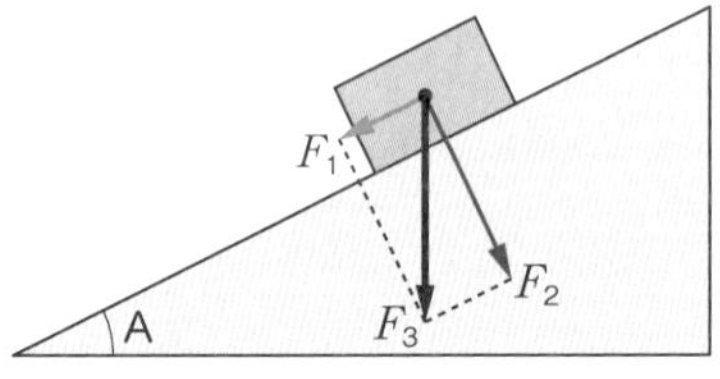

(1) 物体にはたらく重力を表しているのは，F_1～F_3のどれか。〔　　　〕

(2) 物体を斜面にそってすべらせる力は，F_1～F_3のどれか。〔　　　〕

(3) 物体にはたらく垂直抗力(こうりょく)とつり合う力は，F_1～F_3のどれか。〔　　　〕

(4) ∠Aが大きくなるにつれて，大きくなる力は，F_1～F_3のどれか。〔　　　〕

(5) ∠Aの大きさに関係なく，一定の大きさの力は，F_1～F_3のどれか。〔　　　〕

1 合力は，平行四辺形の対角線になる。

2 (1)，(5)重力は，鉛直(えんちょく)下向きにたえずはたらき，斜面の角度が変化しても，大きさは一定である。

学習日　　月　　日　得点　　点

3 右の図は，底面積50cm²の円筒(えんとう)に張ったゴム膜(まく)の上に，質量の無視できる面積50cm²の厚紙と質量400 gのおもりをのせ，水中に沈(しず)めたときのようすである。100 gの物体にはたらく重力の大きさを１Nとして，次の問いに答えなさい。（各７点×２　14点）

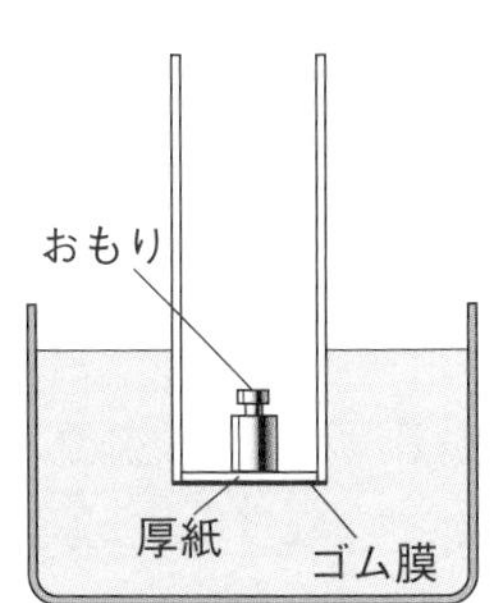

(1) 厚紙がゴム膜に加える圧力は何Paか。

(2) (1)のゴム膜が，図のように平らになるのは，ゴム膜が水から受けている圧力と，厚紙から受けている圧力が等しいときである。ゴム膜が水から受けている圧力は何Paか。

4 質量150 gの石を使って，右の図のような実験をした。100 gの物体にはたらく重力の大きさを１Nとして，次の問いに答えなさい。（各８点×３　24点）

図１　図２
ばねばかり
150g　石
静止している
水

(1) 図１で，石にはたらく重力の大きさは何Nか。

(2) 図２のように，石を水中に沈めると，ばねばかりが示す値が小さくなり，0.9Nを示した。これは石に何という力がはたらいたためか。

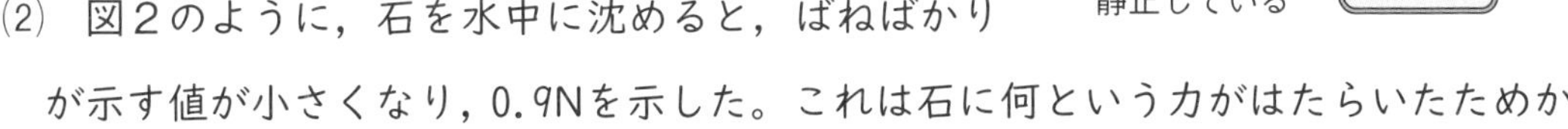

(3) (2)の力の大きさは何Nか。

〔　　　　〕

3 (1)圧力＝$\frac{\text{加える力（おもりの重さ）}}{\text{面積（円筒の底面積）}}$

(2)ゴム膜が厚紙から受ける圧力（下向き）と同じ大きさの水圧（上向き）がはたらくとき，ゴム膜は平らになる。

4 (1)質量100 gの物体にはたらく重力は，１Nである。

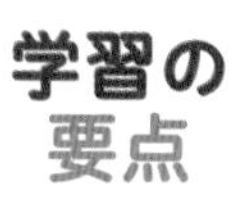

2章 運動の速さと向き－1

❶ いろいろな運動

① **運動**　人や乗り物などのあらゆる物体の動き。

② **運動の速さと向き**　物体の「速さ」と運動の「向き」について観察すると，次のような運動がある。

(a)　速さだけが変わる運動 例 スキーで斜面(しゃめん)を下る。

(b)　向きだけが変わる運動 例 観覧車が一定の速さで回る。

(c)　速さと向きが変わる運動 例 ブランコで前後にゆれる。

(d)　速さも向きも変わらない運動

例 ドライアイスが水平面上をすべる。

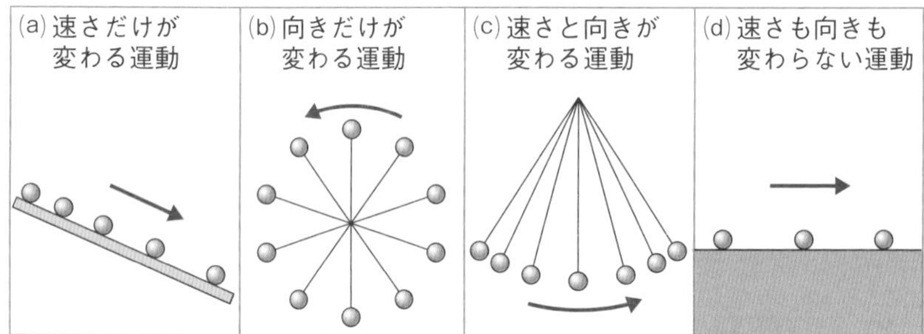

❷ 速さ

① **運動の表し方**　物体の運動のようすを表すには，速さと，運動の向きを調べればよい。

② **速さ**　物体が**単位時間**あたりに移動した**距離(きょり)**。
→1秒，1分，1時間など。

● **単位**…m/s（メートル毎秒），km/h（キロメートル毎時）。

● **平均の速さ**…ある区間全体を一定の速さで移動したと仮定して計算した速さ。
→東京-新大阪を走る新幹線の速さなど。

● **瞬間(しゅんかん)の速さ**…ごく短い時間に移動した距離をもとに計算した速さ。
→自動車のスピードメーターに表示される速さなど。

$$速さ〔m/s〕= \frac{移動した距離〔m〕}{移動にかかった時間〔s〕}$$

✦覚えると得✦

基本的な運動
左の４つの運動が基本的な運動であるが，実際にはこれらの運動がいろいろに組み合わさっていることが多い。

ストロボスコープ
一定時間ごとに発光させることができる装置で，この装置で写真をとると，一定時間ごとの物体の位置を連続的に写せる。

重要 テストに出る

●速さの式

速さ…v
距離…x
時間…t

$x=vt$

$v=\frac{x}{t}$

$t=\frac{x}{v}$

学習日 月 日

左の「学習の要点」を見て答えましょう。

1 下の(1)～(4)の運動の「速さ」と「向き」について，変わるか，変わらないかを〔　〕に書きなさい。

チェック P.20❶

(1) 運動の向き
(2)
(3)
(4)

(1) 速さ〔　　　　〕，向き〔　　　　〕

(2) 速さ〔　　　　〕，向き〔　　　　〕

(3) 速さ〔　　　　〕，向き〔　　　　〕

(4) 速さ〔　　　　〕，向き〔　　　　〕

2 速さについて，次の文の〔　〕にあてはまることばを書きなさい。

チェック P.20❷

- 物体の運動のようすを表すには，〔①　　　　〕と，運動の〔②　　　　〕を調べればよい。①は，物体が〔③　　　　〕あたりに移動した〔④　　　　〕で表される。
- ある区間全体を一定の速さで移動したと仮定した速さを〔⑤　　　　〕，ごく短い時間に移動した距離をもとにした速さを〔⑥　　　　〕という。

3 次の速さを求めなさい。式も書きなさい。

チェック P.20❷

(1) 300mを５秒かかって進んだときの速さ〔m/s〕。

（式）＿＿＿＿＿＿＿＿　（答え）＿＿＿＿

(2) 60㎞の距離を，前半の30㎞は20㎞/hで，後半の30㎞は60㎞/hで移動したときの，平均の速さ〔㎞/h〕。

（式）＿＿＿＿＿＿＿＿　（答え）＿＿＿＿

2章 運動の速さと向き－2

3 運動の記録

① **記録タイマー**　電流を流すと，記録テープに一定の時間間隔(かんかく)ごとに打点する装置。

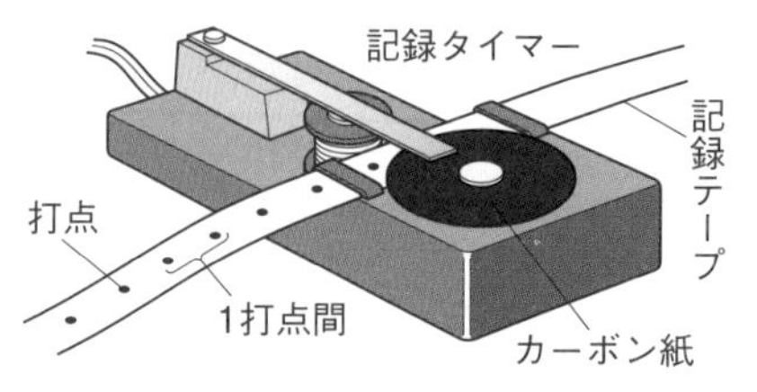

●打点の間隔を調べることによって，物体の運動のようすを知ることができる。

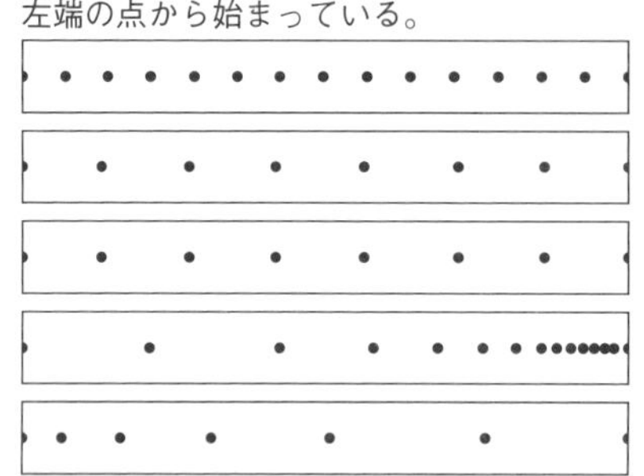

- **ゆっくりした運動**
  ↳打点間隔がせまい。
- **速い運動**
  ↳打点間隔が広い。
- **一定の速さの運動**
  ↳打点間隔がどこでも等しい。
- **速さが遅(おそ)くなる運動**
  ↳打点間隔がしだいにせまくなる。
- **速さが速くなる運動**
  ↳打点間隔がしだいに広くなる。

② **記録タイマーの打点と物体の速さ**

●打点の間隔は，単位時間の移動距離(きょり)を表している。

例　$\frac{1}{50}$秒ごとに打点する記録タイマーによる記録の場合，次の打点までの間隔は，物体が$\frac{1}{50}$秒間に移動した距離を表している。したがって，図のように，5打点の間隔を調べると，$\frac{5}{50}$秒=0.1秒間に物体が移動した距離がわかる。記録テープの0.1秒間の打点の間隔が，2.0cmであるとする。このときの物体の速さは，

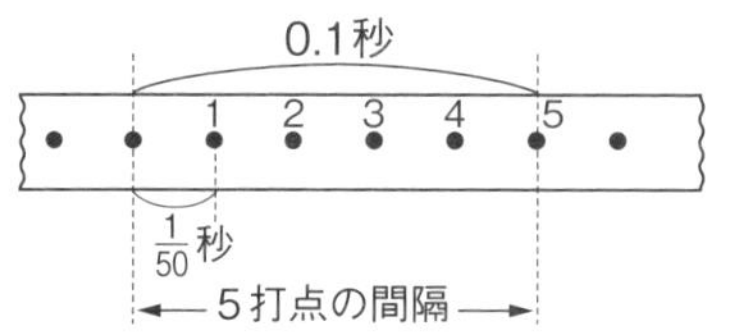

$$\frac{2.0\,\text{cm}}{0.1\,\text{s}}=20\,\text{cm/s}=0.2\,\text{m/s}$$

③ **記録タイマー以外による運動の記録**

記録タイマー以外にも，ビデオカメラや連続写真，ストロボ写真による撮影(さつえい)でも，運動のようすを記録することができる。

覚えると得

記録タイマーの打点間隔

東日本では$\frac{1}{50}$秒ごと，西日本では$\frac{1}{60}$秒ごとに，電流の向きが変わる。

交流の周波数が，東日本では50Hz，西日本では60Hzであるため，打点間の時間間隔が２種類になる。

ミスに注意

打点間隔

打点間隔がせまいと速い運動と考えがちである。遅い運動のほうが，同じ長さに多く打点される。

重要 テストに出る

●打点の間隔は，単位時間の物体の移動距離を表している。

左の「学習の要点」を見て答えましょう。

学習日　　月　　日

④ 記録タイマーによる記録について，次の文の〔　〕にあてはまることばや数字を書きなさい。

チェック P.22❸

- 電流を流すと，記録テープに〔①　　　　　〕の時間間隔ごとに打点し，物体の運動のようすを記録する装置を記録タイマーという。
- 記録タイマーによる記録テープの打点間の時間間隔は，どこも〔②　　　　〕。
- 記録タイマーによる記録テープの打点の間隔は，物体の単位時間の〔③　　　　　〕を表している。
- $\frac{1}{50}$秒ごとに打点する記録タイマーによる記録の場合，次の打点までの間隔は，物体が〔④　　　　　〕秒間に移動した距離を表している。したがって，5打点の間隔を調べると，〔⑤　　　　　〕秒間に物体が移動した距離がわかる。

⑤ いろいろな物体の運動を，記録タイマーで記録した。物体が次のような運動をするとき，記録タイマーによる打点の間隔はどうなるか。それぞれ書きなさい。

チェック P.22❸

(1) 一定の速さで運動するとき。〔　　　　　　　〕

(2) 速さがしだいに速くなっていくとき。〔　　　　　　　〕

(3) 速さがしだいに遅くなっていくとき。〔　　　　　　　〕

⑥ 右の図は，いろいろな物体の運動を，記録タイマーで記録したものである。次の①～④の運動を記録したものを，それぞれ図のア～エから選び，記号で答えなさい。

チェック P.22❸

左端の点から始まっている。

ア ・・・・・・・・・・・・・・
イ ・　・　・　・　・　・　・
ウ ・　　・　　・　・　・・・・・・・
エ ・　・　・　　・　　　・

① 速さがしだいに速くなっていく運動。〔　　〕

② 速さがしだいに遅くなっていく運動。〔　　〕

③ 速さが一定のもののうち，速さが遅い運動。〔　　〕

④ 速さが一定のもののうち，速さが速い運動。〔　　〕

基本ドリル

単元1 力と運動

2章 運動の速さと向き

1 下の図は，公園にある遊具での運動のようすを示したものである。次の①，②について，運動の「速さ」と「向き」はそれぞれ変わるか，変わらないかを答えなさい。

チェック P.20❶ (各9点×2 18点)

①〔　　〕

②〔　　〕

2 下の図は，ストロボ写真で撮影(さつえい)した水平なガラス板の上を，左から右へ移動するドライアイスのようすを示したものである。ストロボは２秒ごとに発光している。また，１目盛りは15cmである。次の問いに答えなさい。

チェック P.20❷ (各6点×3 18点)

(1) ドライアイスは，アからウまで何cm移動しているか。〔　　〕

(2) ドライアイスがアからウまで移動するのに，何秒かかっているか。

〔　　〕

(3) ドライアイスがアからウまで移動したときの速さは，何cm/sか。式と答えを書きなさい。

〔　　〕

学習日　月　日　得点　点

3 下の図は，ある物体の運動のようすを，１秒間に50回打点する記録タイマーで記録したもので，打点は左端(ひだりはし)の点から始まっている。次の問いに答えなさい。

チェック P.22③ (各７点×４　28点)

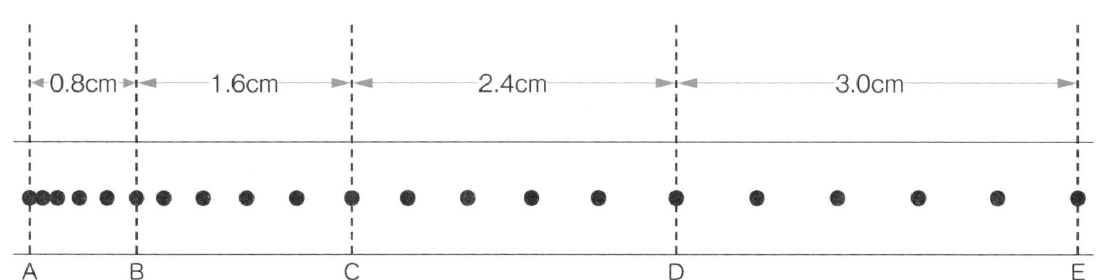

(1)　ＡＢ間，ＢＣ間，ＣＤ間，ＤＥ間のうち，速さが速くなる運動をしているのはどの区間か。すべて答えなさい。〔　　　〕

(2)　ＡＢ間，ＢＣ間，ＣＤ間，ＤＥ間のうち，速さが一定の運動をしているのはどの区間か。すべて答えなさい。〔　　　〕

(3)　次の①，②の区間で，物体が移動するのにかかった時間は，それぞれ何秒か。

①　ＡＢ間〔　　　〕　②　ＡＥ間〔　　　〕

4 右の図の記録タイマーについて，次の問いに答えなさい。チェック P.22③ (各９点×４　36点)

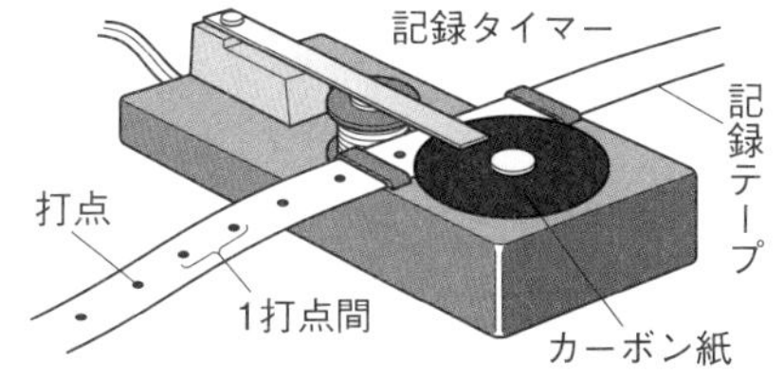

(1)　記録タイマーが，１秒間に50打点すると，打点間の時間間隔(かんかく)は何秒か。〔　　　〕

(2)　記録テープに記録された打点の間隔(かんかく)の変化は，記録テープの動いた距離(きょり)と時間のどちらの変化を示しているか。〔　　　〕

(3)　記録テープを手で一定の速さで引いた。①最も速く記録テープを引いたときの打点の間隔と，②最も遅(おそ)く記録テープを引いたときの打点の間隔を，それぞれ次のア～ウから選び，記号で答えなさい。ただし，記録テープの打点は，左端の点から始まっているものとする。①〔　　〕②〔　　〕

ア 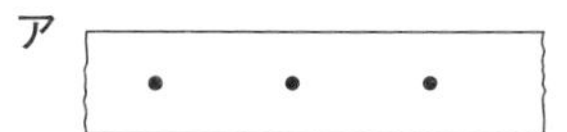　イ 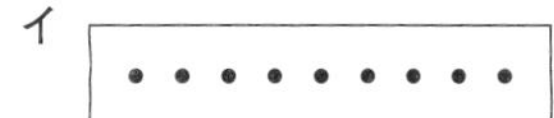　ウ 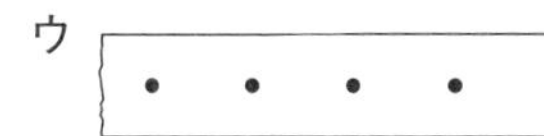

練習ドリル

単元1 力と運動

2章 運動の速さと向き

学習日　　月　　日　得点　　点

1 右の図は，途中で円形に曲げられたレールを転がる球のようすを，一定時間ごとに示したものである。次の問いに答えなさい。

(各10点×3　30点)

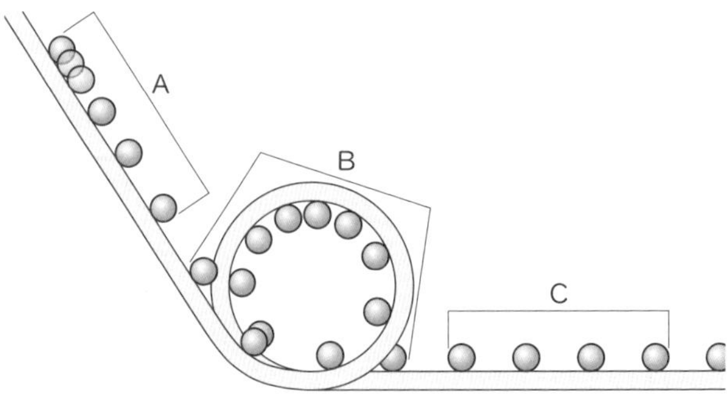

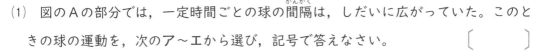

(1) 図のAの部分では，一定時間ごとの球の間隔は，しだいに広がっていた。このときの球の運動を，次のア～エから選び，記号で答えなさい。〔　　〕

ア 向きだけが変わる運動　　イ 速さだけが変わる運動

ウ 向きと速さの両方が変わる運動　　エ 向きも速さも変わらない運動

(2) 図のBの部分では，一定時間ごとの球の間隔は変化していた。このとき，球はどのような運動をしているか。(1)のア～エから選び，記号で答えなさい。〔　　〕

(3) 図のCの部分では，一定時間ごとの球の間隔は一定だった。このとき，球はどのような運動をしているか。(1)のア～エから選び，記号で答えなさい。〔　　〕

2 右の図は，ある物体の運動のようすを，1秒間に60回打点する記録タイマーで記録した記録テープを，6打点ごとに切ってはったものである。次の問いに答えなさい。

(各10点×2　20点)

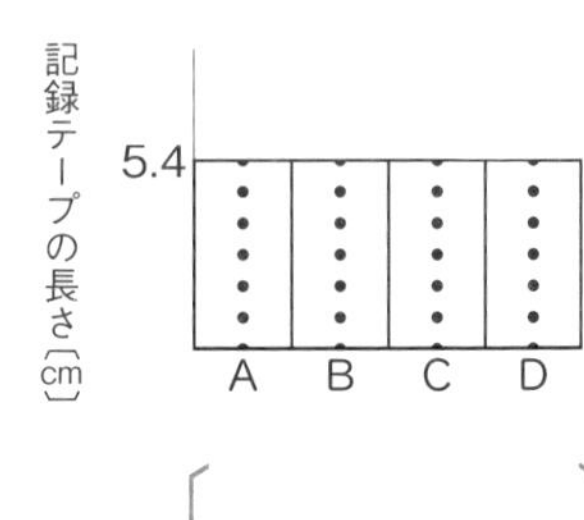

(1) 記録テープBにおける，物体の速さは何cm/sか。〔　　〕

(2) この物体の運動の，時間と移動距離の関係をグラフに表すとどうなるか。次のア～エから選び，記号で答えなさい。〔　　〕

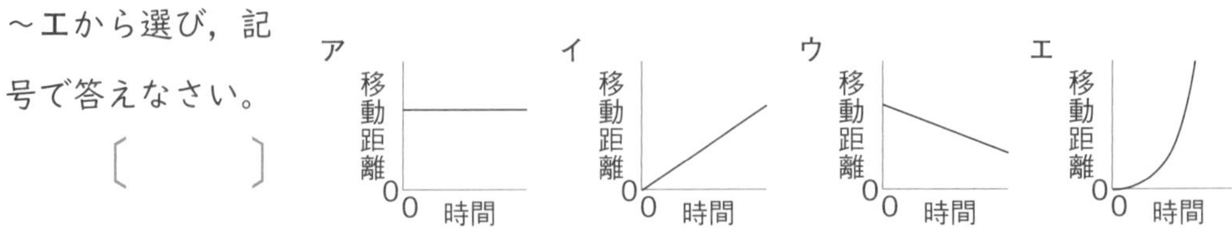

1 (1)一定時間ごとの間隔が広がっていくということは，単位時間あたりの移動距離が大きくなっていくということ。

2 (1)一定時間間隔ごとに切った記録テープの長さは，その区間での移動距離を表している。

発展ドリル

単元1 力と運動

2章 運動の速さと向き

学習日　月　日　得点　点

1 速さには，ある区間全体を一定の速さで移動したとみなして求める平均の速さと，ごく短い時間に移動した距離をもとに求める瞬間(しゅんかん)の速さがある。止まっていた自動車が動き出し，10秒間に70m進んだ。このときのスピードメーターは，36km/hを表示していた。動き始めてから40秒後には，600m進んだ位置にあった。これについて，次の問いに答えなさい。　(各8点×4　32点)

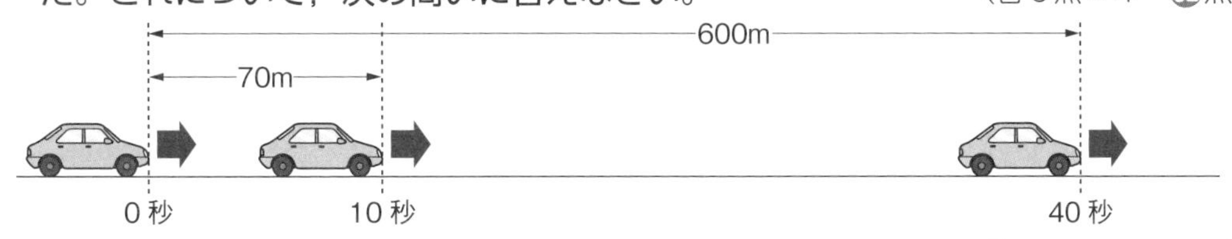

(1) 自動車が走り始めてから10秒間の平均の速さは何m/sか。〔　　〕

(2) 自動車が走り始めてから40秒間の平均の速さは何m/sか。〔　　〕

(3) この自動車が走り始めてから10秒後の瞬間の速さは何km/hか。〔　　〕

(4) (3)の瞬間の速さは何m/sか。〔　　〕

2 台車に記録テープをつけ，台車を運動させたときのようすを，$\frac{1}{50}$秒ごとに打点する記録タイマーで記録した。右の図は，このときの記録を5打点ごとに切って，はったものである。次の問いに答えなさい。　(各6点×3　18点)

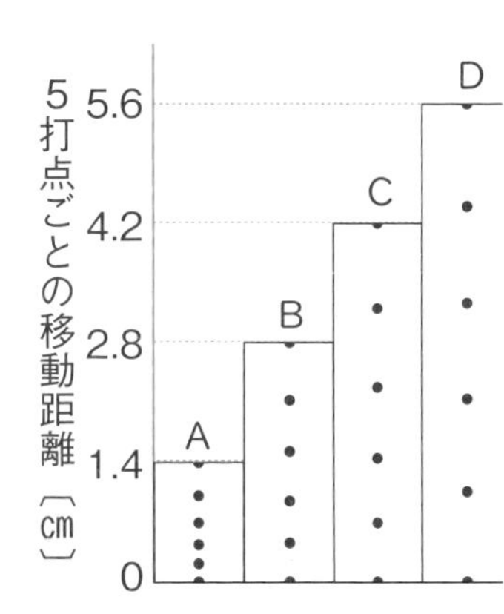

(1) この記録タイマーが，5打点の間隔を進むのにかかる時間は何秒か。〔　　〕

(2) 記録テープAとDを記録したときの台車の平均の速さ〔cm/s〕を，それぞれ求めなさい。　A〔　　〕　D〔　　〕

1 (1)平均の速さは，その時間に移動した距離全体をかかった時間で割って求める。

2 (2)Aは0.1秒で1.4cm，Dは0.1秒で5.6cm移動している。

3章 物体の運動－1

❶ 斜面(しゃめん)上の物体にはたらく力

① **物体にはたらく重力の分力**

斜面上の物体には，斜面に平行な下向きの力が，一定の大きさではたらき続ける。

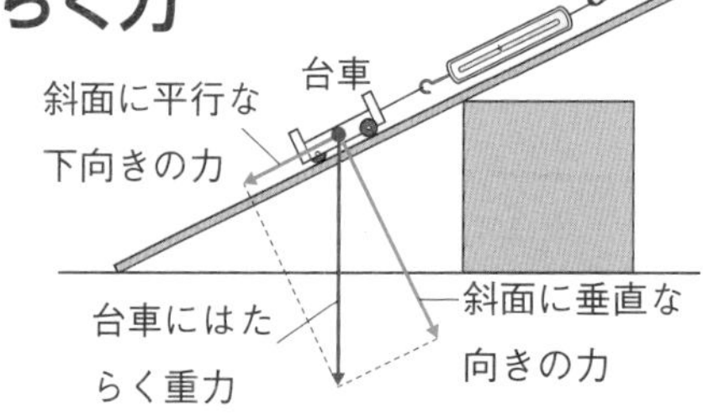

② **斜面の傾(かたむ)きと物体にはたらく力**　斜面の傾きが大きくなるほど，斜面上の物体にはたらく斜面に平行な下向きの力は大きくなる。

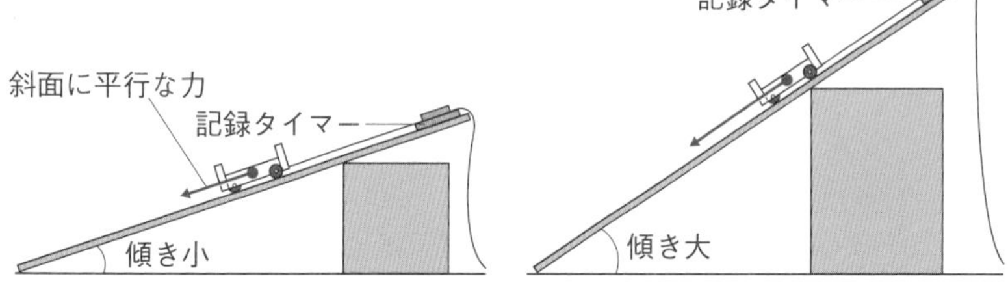

❷ 力がはたらく向きと物体の運動

① **運動の向きに力がはたらき続ける物体の運動**　運動の向きに力がはたらき続けると，物体の速さはしだいに速くなる。

- はたらく力が大きくなると，物体の速さのふえ方も大きくなる。
- はたらく力の大きさが一定ならば，物体の速さは一定の割合で速くなっていく。

② **自由落下**　斜面の傾きが90°になると，物体は垂直に落下する。この運動を自由落下という。

- 自由落下をする物体の運動の向きにはたらく力の大きさは，物体にはたらく重力の大きさに等しい。

③ **運動の向きと反対の向きに力がはたらき続ける物体の運動**

運動の向きと反対の向きに力がはたらき続けると，物体の速さはしだいに遅(おそ)くなる。

覚えると得

斜面上の物体にはたらく重力の分力
斜面に平行な下向きの力の大きさは，斜面の傾きが一定ならば，物体が斜面上のどこにあっても一定である。また，斜面に垂直な向きの力は，斜面からの垂直抗力(こうりょく)(斜面が物体をおし返す力)と常につり合っていて，物体の運動に関係しない。

斜面の傾きと速さ
斜面の傾きが大きくなるほど，物体にはたらく斜面に平行な力が大きくなるので，物体の速さの変化も大きくなる。

運動の向きと反対の向きに力がはたらき続ける例
- 斜面の上に向けて球を転がす。
- 水平面上の物体を，摩擦力(まさつりょく)に逆らって動かす。

左の「学習の要点」を見て答えましょう。

学習日　　月　　日

① 斜面上の物体にはたらく力について，次の問いに答えなさい。 チェック P.28❶

(1) 次の文の〔　〕にあてはまることばを書きなさい。

- 斜面上の物体にはたらく重力は，斜面に〔①　　　　〕の力と，斜面に〔②　　　　〕の力に分解して考えることができる。
- このうち，物体が斜面を下る運動に関係する力は，斜面に〔③　　　　〕の力である。この力の大きさは，斜面の傾きが大きくなると〔④　　　　〕なる。
- 斜面に垂直な向きの力は，斜面が台車をおし返す〔⑤　　　　〕とつり合っていて，物体の運動には関係しない。⑤の大きさは，斜面の傾きが大きくなると〔⑥　　　　〕なる。

〔⑦　　　　〕

台車

〔⑧　　　　〕

〔⑨　　　　〕

(2) 右の図の〔　〕にあてはまることばを書きなさい。

② 力がはたらく向きと物体の運動について，次の文の〔　〕にあてはまることばを書きなさい。 チェック P.28❷

- 運動の向きに力がはたらき続けると，物体の速さはしだいに〔①　　　　〕なる。このとき，はたらく力が大きくなると，物体の速さのふえ方は〔②　　　　〕なる。また，はたらく力の大きさが一定ならば，物体の速さは一定の割合で〔③　　　　〕なっていく。
- 斜面の傾きが90°になると，物体は垂直に落下する。この運動を〔④　　　　〕という。④をする物体の運動の向きにはたらく力の大きさは，物体にはたらく〔⑤　　　　〕の大きさに等しい。
- 運動の向きと反対の向きに力がはたらき続けると，物体の速さはしだいに〔⑥　　　　〕なる。この例として，斜面の上に向けて球を転がすことや，水平面上の物体を〔⑦　　　　〕に逆らって動かすことなどがある。

3章 物体の運動－2

③ 等速直線運動

① **等速直線運動**　一定の速さで一直線上を進む運動。

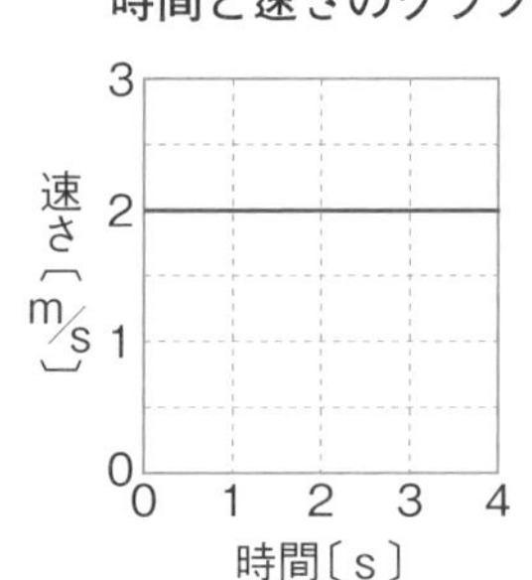

- **時間と速さ**…時間がたっても速さは一定である。
  ↳グラフは横軸に平行になる。
- **時間と移動距離**…時間と移動距離(きょり)は比例する。
  ↳原点を通る直線のグラフになる。

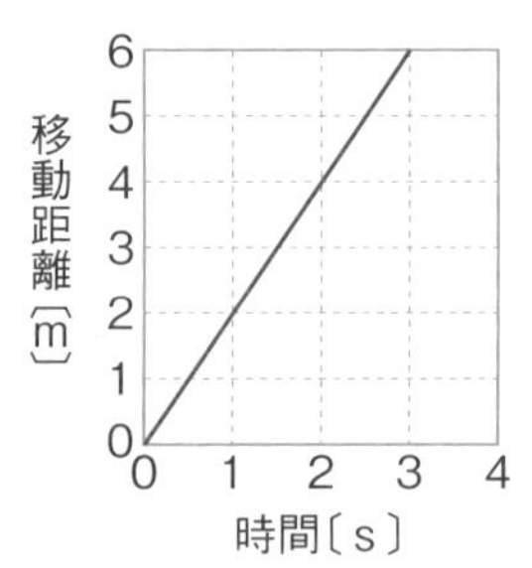
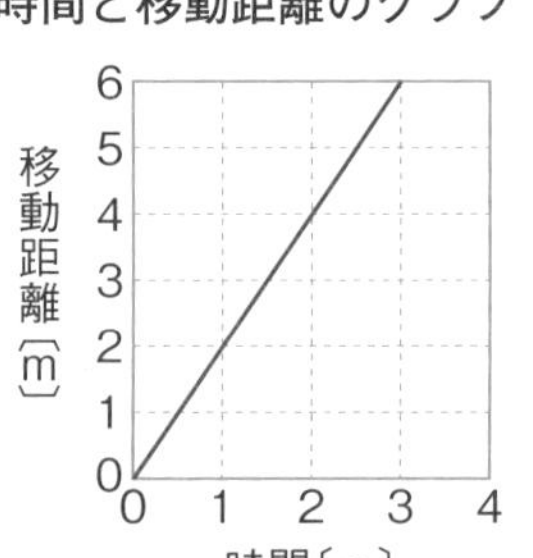

② **等速直線運動と力**　力がはたらいていない物体や，力がはたらいていてもつり合っている物体は，等速直線運動をする。

例 自転車が一定の速さで進む…ペダルをこぐ力と摩擦力(まさつりょく)がつり合っている。

④ 慣性(かんせい)の法則

① **慣性の法則**　物体に外から力がはたらいていないとき，静止している物体は静止を続ける。運動している物体は等速直線運動を続ける。
↳力がつり合っている場合も同じ。

- **慣性**…物体がもとの運動の状態を続けようとする性質。

⑤ 作用と反作用

① **作用・反作用の法則**　物体Aから物体Bに力(↳作用)を加えると，同時にAもBから力(↳反作用)を受ける。この２力（作用，反作用）は，大きさは等しく，一直線で向きは反対である。

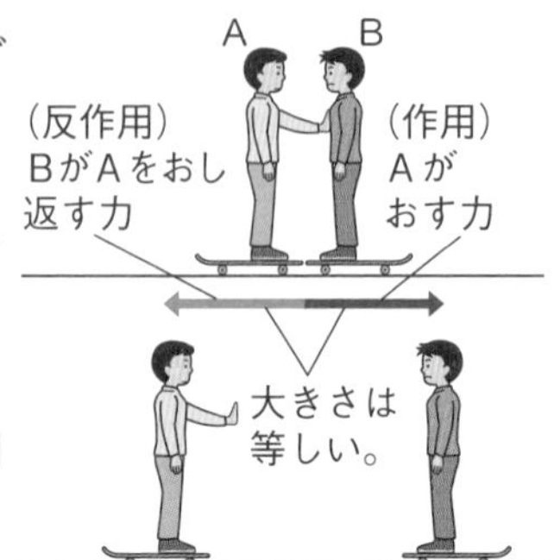

- 物体をおすと，物体からもおし返される。
- おす力とおし返す力は，大きさは同じで，向きが逆である。

重要 テストに出る
●物体に力がはたらいていない場合や，力がはたらいていてもつり合っている場合は，静止していた物体は静止を続け，運動していた物体は等速直線運動を続ける。

ミスに注意
おす力とおし返す力
２つの物体のそれぞれの相手に対してはたらく力なので，力の大きさが同じでも，２力はつり合っているのではない。

基本チェック

左の「学習の要点」を見て答えましょう。

学習日　　月　　日

3 等速直線運動について，次の問いに答えなさい。

チェック P.30 3

(1) 次の文の〔　〕にあてはまることばを書きなさい。

- 〔① 　　　〕の速さで，〔② 　　　〕上を進む運動を，等速直線運動という。
- 等速直線運動では，時間がたっても，速さは〔③ 　　　〕である。
- 等速直線運動では，時間と移動距離の関係は〔④ 　　　〕する。

(2) 右の図は，等速直線運動の時間と移動距離や速さの関係を，グラフに表したものである。それぞれ時間と何の関係のグラフか。〔　〕にあてはまることばを書きなさい。

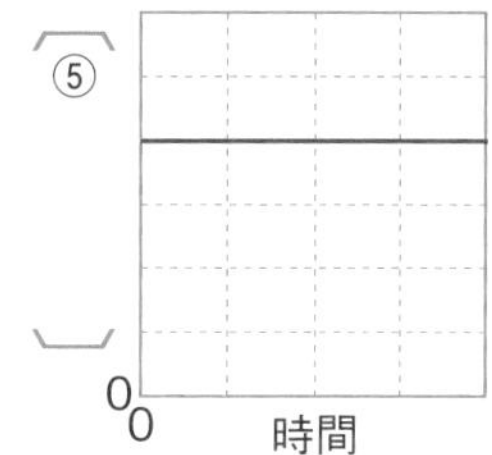

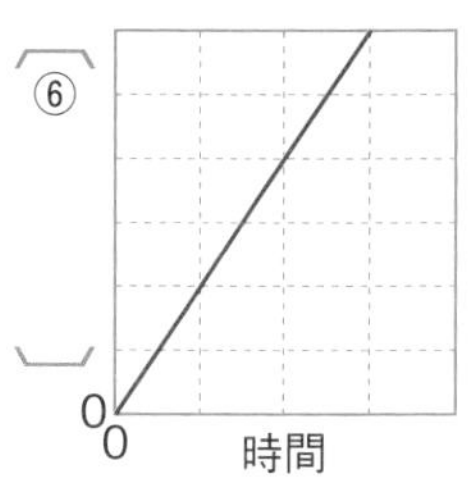

4 慣性の法則について，次の文の〔　〕にあてはまることばを書きなさい。

チェック P.30 4

- 物体に外から力がはたらいていないときや，力がはたらいていてもつり合っているときは，静止している物体は〔① 　　　〕を続け，運動している物体は〔② 　　　〕を続ける。これを〔③ 　　　〕という。
- 物体がもとの運動の状態を続けようとする性質を〔④ 　　　〕という。

5 作用と反作用について，次の問いに答えなさい。

チェック P.30 5

- スケートボードにのった人が壁（かべ）をおすと，壁から何という力を受けて人は動くか。

〔　　　　〕

3章 物体の運動

1 斜面を下る物体の速さは，しだいに速くなる。斜面の傾きが変わると，速さのふえ方も変わる。図1，図2のように，傾きの異なる斜面上にある，質量の等しい台車にはたらく力や，台車が斜面を下るときの速さについて，次の問いに答えなさい。 チェック P.28① (各6点×5 30点)

図1

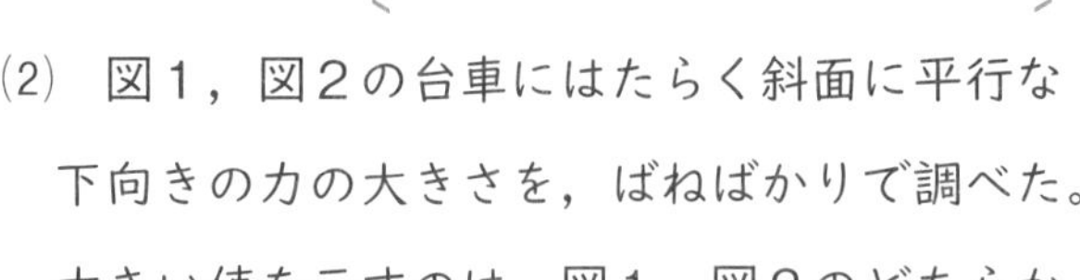

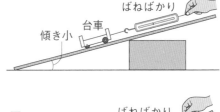

(1) 図1，図2の台車にはたらく重力の大きさを比べると，どうなっているか。

〔　　　　〕

(2) 図1，図2の台車にはたらく斜面に平行な下向きの力の大きさを，ばねばかりで調べた。大きい値を示すのは，図1，図2のどちらか。

〔　　　　〕

図2

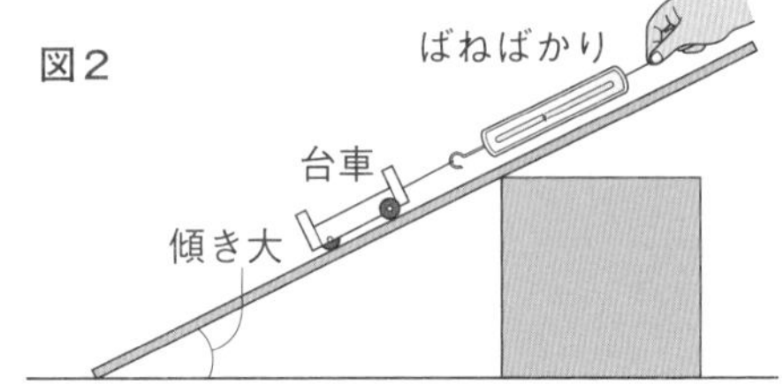

(3) (2)より，台車にはたらく斜面に平行な下向きの力が大きいのは，図1，図2のどちらといえるか。 〔　　　　〕

(4) 図1では，台車が斜面を下るときの速さは，どのように変化するか。次のア～ウから選び，記号で答えなさい。 〔　　　　〕

ア　しだいに速くなる。　　イ　しだいに遅くなる。　　ウ　常に一定。

(5) 図1，図2のうち，台車が斜面を下るときの速さのふえ方が大きいのはどちらか。

〔　　　　〕

2 右の図は，斜面を球がのぼるときの運動の向きと，球にはたらく力を示したものである。次の問いに答えなさい。

チェック P.28② (各8点×2 16点)

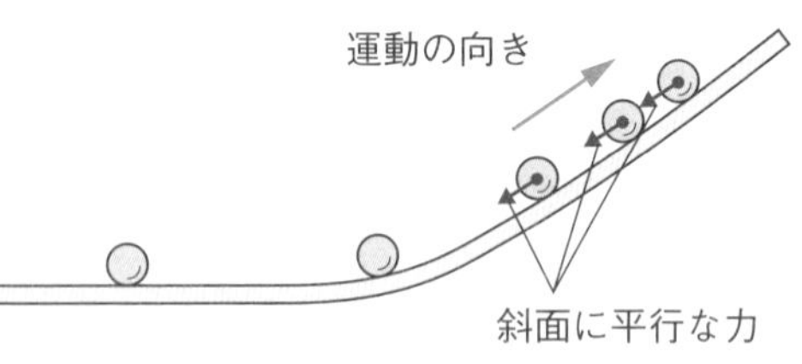
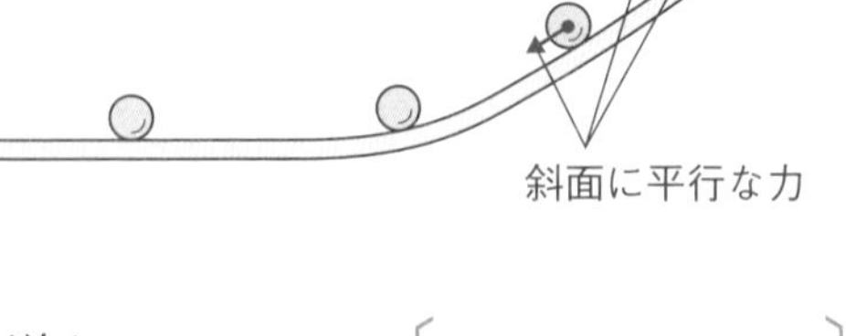

(1) 斜面をのぼるとき，球にはたらく斜面に平行な力の向きは，運動の向きと同じか，逆か。 〔　　　　〕

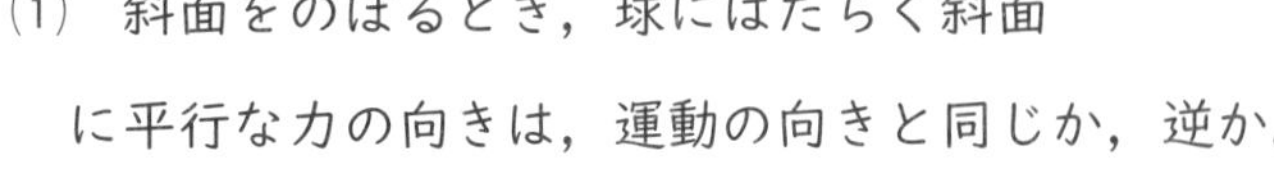

(2) 斜面をのぼる球の速さはどうなるか。 〔　　　　〕

学習日　　月　　日　得点　　点

3 右の図のように，なめらかな水平面上を走る台車の運動を，記録タイマーで記録した。次の問いに答えなさい。

チェック P.30❸（各６点×６　36点）

図1

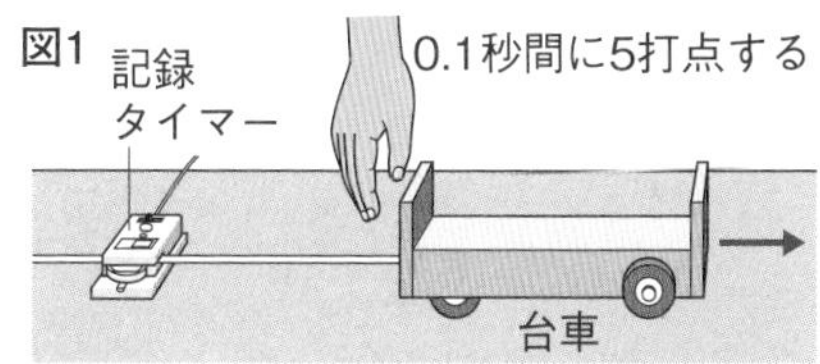

図２

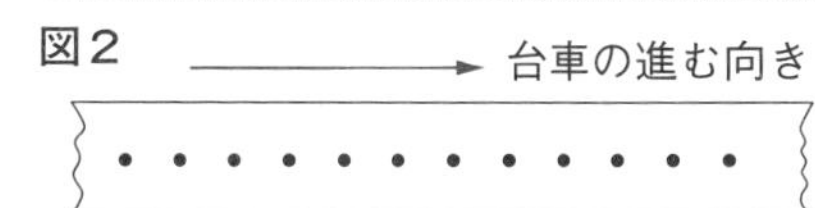

⑴　図２の記録テープの打点間隔（かんかく）は，どうなっているか。〔　　　　〕

⑵　⑴のことから，この台車の運動は，速さがどうなる運動といえるか。下の｛　　｝の中から選んで書きなさい。〔　　　　〕

｛ 速さが速くなる運動　　速さが変わらない運動　　速さが遅くなる運動 ｝

⑶　この台車の運動を何というか。〔　　　　〕

⑷　図３は，図２の記録テープを５打点ごとに切ってはったものである。５打点の間に進む距離（きょり）はどうなっているか。〔　　　　〕

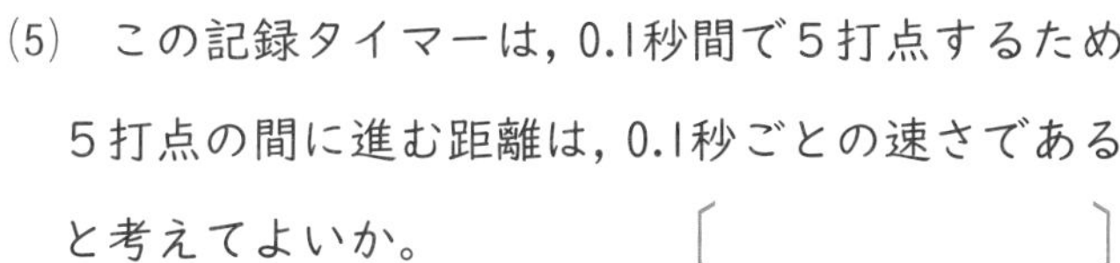

⑸　この記録タイマーは，0.1秒間で５打点するため，５打点の間に進む距離は，0.1秒ごとの速さであると考えてよいか。〔　　　　〕

⑹　⑸より，図４のようなグラフを作成したとき，縦軸（たてじく）の①にあてはまる単位は何か。〔　　　　〕

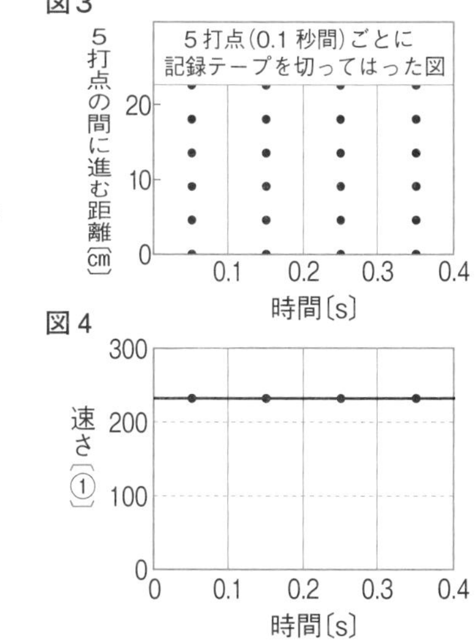

4 乗っていたバスが急ブレーキをかけたので，体が前に倒（たお）れそうになった。次の問いに答えなさい。

チェック P.30❹（各９点×２　18点）

⑴　前に倒れそうになったのは，物体にどのような性質があるからか。〔　　　　〕

⑵　この例のようになることを表す法則を何というか。〔　　　　〕

練習ドリル

単元1 力と運動

3章 物体の運動

1 斜面の角度が10°と20°のとき，斜面を下る物体の運動を記録タイマーで記録した。次の問いに答えなさい。

(各6点×5　30点)

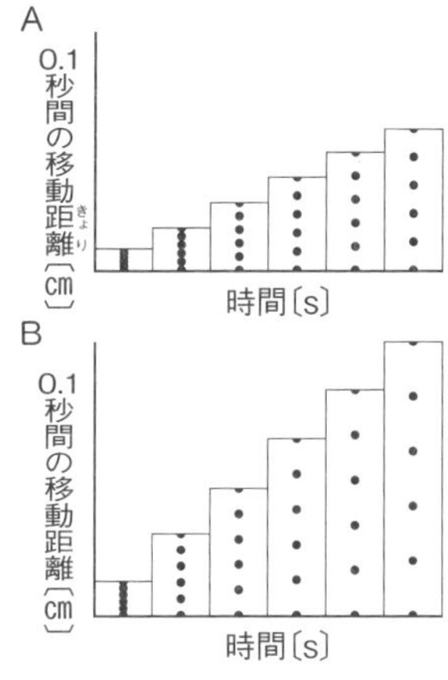

(1)　この記録タイマーは0.1秒間で5打点する。記録テープを5打点ごとに切ってはると，右のA, Bのようになった。Aは斜面が何度のときのものか。〔　　　　〕

(2)　AとBでは，物体にはたらく斜面に平行な下向きの力が大きいのはどちらか。〔　　　　〕

(3)　図から，斜面の角度（傾き）がどうなるほど，速さの変化が大きくなるといえるか。〔　　　　〕

(4)　斜面の角度が90°になると，物体は垂直に落下する。このときの運動を何というか。〔　　　　〕

(5)　(4)の運動では，物体の速さはどのように変化するか。次のア～ウから選び，記号で答えなさい。〔　　　　〕

ア　一定の割合で速くなる。　　イ　一定の割合で遅くなる。

ウ　つねに一定で変化しない。

2 右の図のように，AさんとBさんがボートに乗って，AさんがBさんのボートをおした。次の問いに答えなさい。　(各7点×4　28点)

(1)　AさんとBさんのボートはそれぞれ動くか，動かないか。

Aさん〔　　　　〕　Bさん〔　　　　〕

(2)　Aさんのボートが受ける力は，AさんがBさんのボートをおした力と比べて，大きさと向きはどうなっているか。

大きさ〔　　　　〕　向き〔　　　　〕

1 (1)Aのほうが速さのふえ方が小さい。
(2), (3)角度（傾き）が大きいほど，台車にはたらく斜面に平行な下向きの力が大きくなり，速さのふえ方が大きくなる。

2 Bさんのボートをおすと，AさんもBさんのボートからおし返されて動く。

学習日 月 日 得点 点

3 右の図は，一定の速さで走っている電車のようすを示している。次の問いに答えなさい。 (各6点×7 42点)

(1) 電車が急ブレーキをかけて止まると，乗客は，図のA，Bのどちらの方向に倒(たお)れそうになるか。 〔　　〕

(2) (1)のようになる理由について，①，②の問いに答えなさい。

物体に外から力がはたらかないときや，力がはたらいていてもつり合っているときは，運動している物体は等速直線運動を続ける。

上の□のように考えると，電車が走っているときは，乗客も電車と同じ速さで運動を続けるといえる。

① 電車が急ブレーキをかけると，電車の床(ゆか)に接している足は，床と同じ運動をすると考えられる。しかし，上体は，足とは別の運動を続けている。このように，もとの運動の状態を続けようとする性質を何というか。 〔　　〕

② ①から考えて，電車が急ブレーキをかけると体が倒れそうになる理由を，次の文の〔　〕にあてはまることばを書き入れて説明しなさい。

- 電車の乗客は，一定の速さで走っている電車と同じ〔㋐　　〕で運動を続けている。しかし，急ブレーキをかけると電車は止まろうとし，床についている〔㋑　　〕も止まろうとするが，上体は電車が走っていたときと同じ速さで〔㋒　　〕運動を続けようとするので，〔㋓　　〕方向へ倒れそうになる。

(3) 上の例から考えて，自動車にシートベルトがついている理由を説明しなさい。

〔　　〕

3 身近に経験している例である。

(2)①完全ではないが，足は床と同じ運動をしようとする。

(3)自動車の衝突(しょうとつ)事故では，シートベルトをしていない人が，大けがをすることがよくある。

発展ドリル

3章 物体の運動

1 物体の運動について，次の問いに答えなさい。(2)〜(4)，(6)は〔　〕にあてはまることばを書きなさい。 (各7点×10 70点)

(1) 図1のように，コップの上に葉書をのせ，その上に硬貨(こうか)を置き，葉書を指で素早くはじき落とすと，硬貨はどうなると考えられるか。〔　　〕

(2) (1)で答えた理由を説明しなさい。

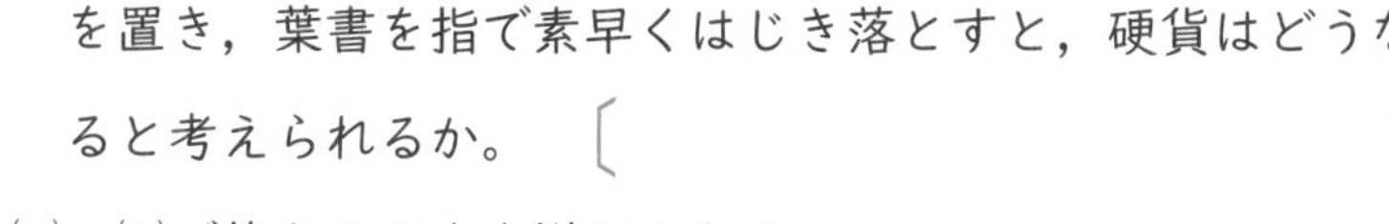
（硬貨は，〔①　　〕しているので，いつまでも，〔②　　〕し続けようとするから。）

(3) 図2のように，停止していたバスが急発進すると，乗客は後ろへおされるように感じる理由を説明しなさい。

（乗客は〔①　　〕しているので，いつまでも，〔②　　〕し続けようとするから。）

(4) 直線道路を一定の速さで走っているバスが急停止すると，乗客は前へ倒(たお)されそうになる理由を説明しなさい。

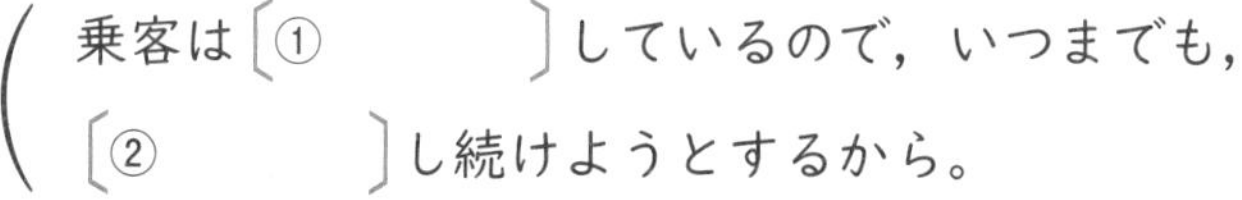

（乗客は，〔①　　〕運動をしているので，いつまでも，〔②　　〕運動をし続けようとするから。）

(5) (2)〜(4)は，物体が何とよばれる性質をもっているから起こる現象か。〔　　〕

(6) 右の図3のように，壁(かべ)をおしたとき，右へ進む理由を説明しなさい。

（壁をおすと，壁も人をおし返す。このとき，壁をおす力を〔①　　〕，壁がおし返す力を〔②　　〕という。）

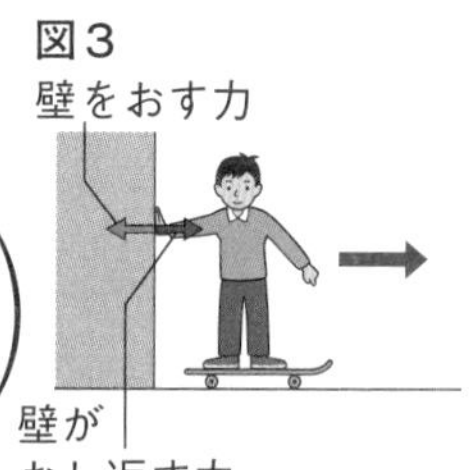

1 (1)簡単な実験なので試してみよう。葉書を素早くはじくことがコツである。
(3)バスが停止しているときは，乗客も静止している。
(6)「作用・反作用の法則」である。

2 運動の向きと逆向きに力がはたらくと，速さは遅(おそ)くなる。運動の向きと逆向きにはたらく力には，斜面(しゃめん)をのぼるときにはたらく力や摩擦力(まさつりょく)などがある。次の問いに答えなさい。（各６点×２ 12点）

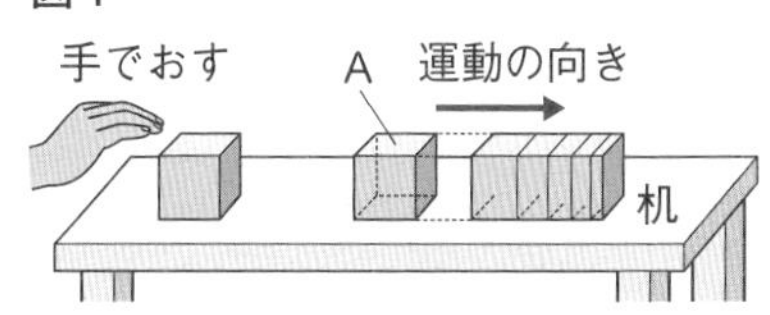

(1) 図１のように，木片を手で軽くおし出すと，木片はやがて止まってしまう。これは，木片に何という力がはたらくためか。

〔　　　　〕

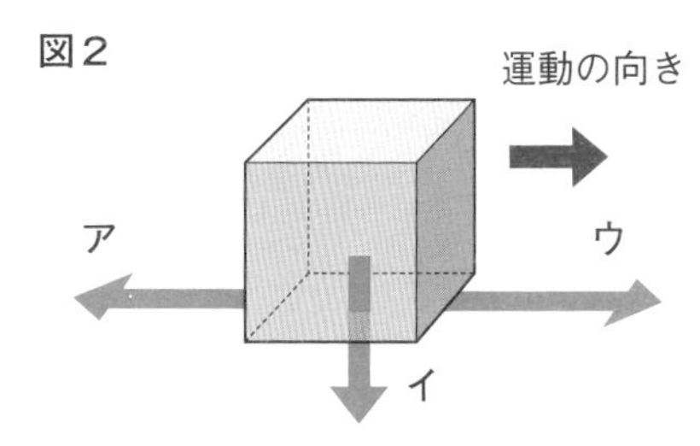

(2) 図２は，図１の運動中の物体Aを示したものである。(1)の力は，図２のア～ウのどの向きにはたらいているか。記号で答えなさい。

〔　　　　〕

3 図1は，ドライアイスがなめらかな水平面上を移動しているようすを，0.5秒ごとに示したものである。ドライアイスは一直線上を移動していた。次の問いに答えなさい。（各６点×３ 18点）

図１ 運動の向き

5cm 5cm 5cm

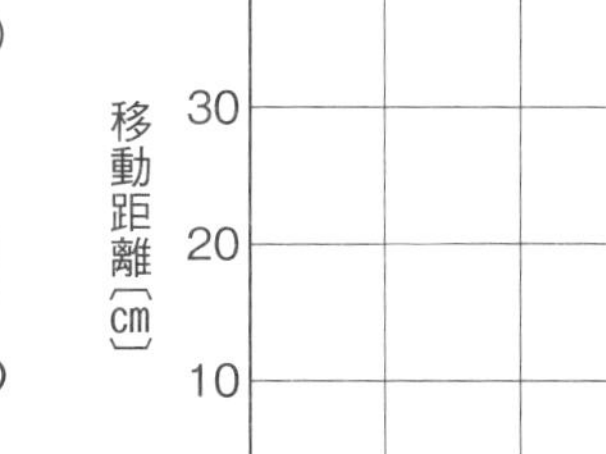

(1) このとき，ドライアイスが運動する方向には，力がはたらいているか。〔　　　　〕

(2) 図２に，時間とこのドライアイスの移動距離(きょり)の関係をグラフで表しなさい。

(3) 図２のグラフから，このような運動をしているときの時間と物体の移動距離の間には，どのような関係があるとわかるか。

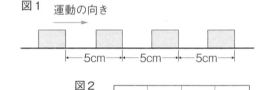

〔　　　　〕

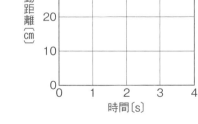

3 0.5秒ごとの移動距離が同じで，一直線上を移動しているので，ドライアイスは等速直線運動をしている。

(1)等速直線運動では運動の向きに，力ははたらいていない。 (2)，(3)等速直線運動では，移動距離は時間に比例する。

まとめのドリル

単元1

力と運動①

1 透明(とうめい)なパイプの両端(りょうたん)に，うすいゴム膜(まく)をはった実験器を，水中に入れた。次の問いに答えなさい。　(各７点×２　14点)

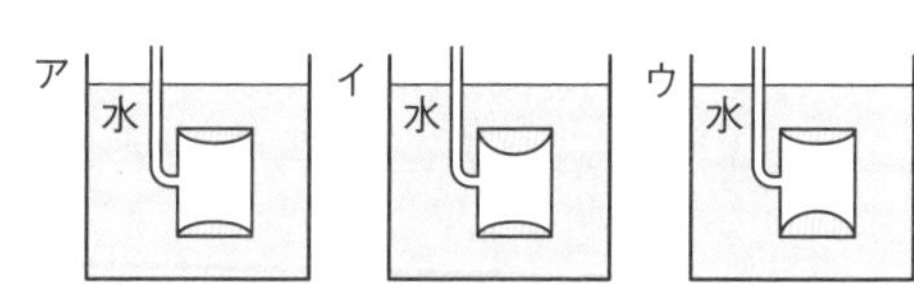

(1)　ゴム膜はどうなるか。右のア～ウから選び，記号で答えなさい。〔　　　〕

(2)　ゴム膜が(1)のようになるのはどうしてか。次のア～ウから選び，記号で答えなさい。〔　　　〕

ア　水圧は，深さが深くなるほど，大きくなるから。

イ　水圧は，深さが深くなるほど，小さくなるから。

ウ　水圧は，深さとは関係なく，一定だから。

2 下の①～⑤の２力の合力の大きさを求めなさい。ただし，⑤は，方眼の１目盛りを１Nとして，作図によって求めなさい。　(各７点×５　35点)

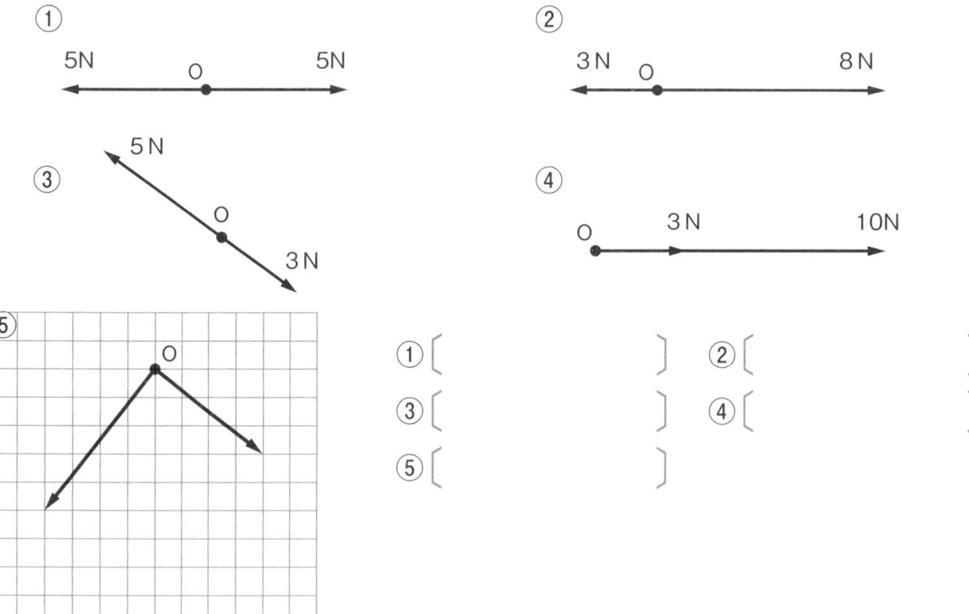

①〔　　　〕　②〔　　　〕

③〔　　　〕　④〔　　　〕

⑤〔　　　〕

1 水圧は水の重さによってはたらくので，水面からの深さが深いほど，大きくなる。

2 ①～④は同一直線上にはたらく２力の合力，⑤は角度をもってはたらく２力の合力である。

学習日　月　日　得点　点

3 右の図は，斜面(しゃめん)上の物体にはたらく重力を，2つの力に分解したものである。次の問いに答えなさい。

(各5点×6　30点)

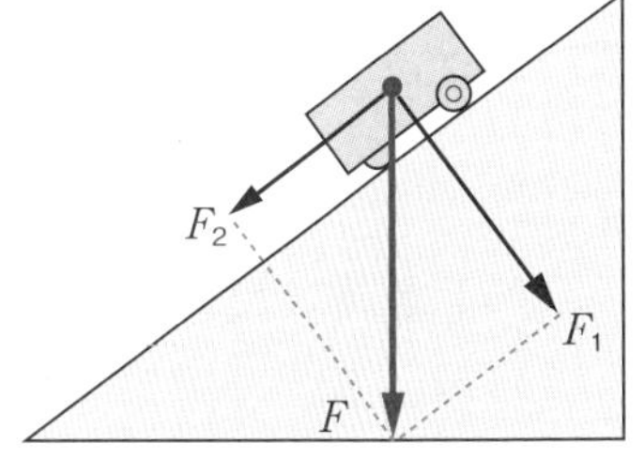

(1) 物体にはたらく重力を表しているのは，F, F_1, F_2のどれか。〔　　〕

(2) 物体を斜面にそってすべらせる力は，F, F_1, F_2のどれか。〔　　〕

(3) 物体にはたらく垂直抗力(こうりょく)とつり合う力は，F, F_1, F_2のどれか。〔　　〕

(4) 物体にはたらく重力の大きさが2.5Nだとすると，F, F_1, F_2の力の大きさはそれぞれ何Nか。矢印の長さから求めなさい。　F〔　　〕

F_1〔　　〕　F_2〔　　〕

4 図1のような斜面上での台車の運動を，1秒間に60回打点する記録タイマーで記録した。次の問いに答えなさい。

(各7点×3　21点)

図1

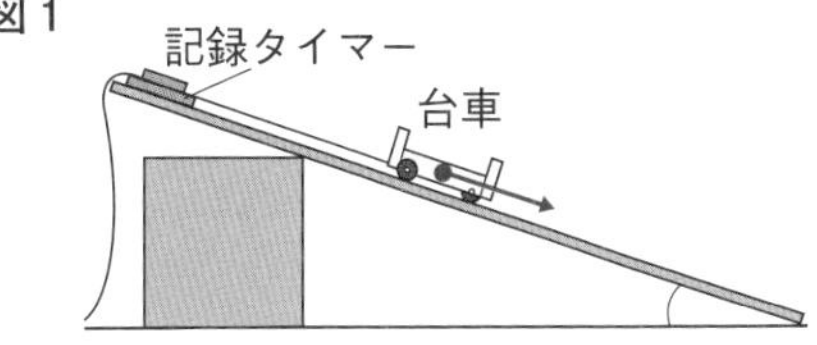

図2　左端(ひだりはし)の点から始まっている。

A
B
C
D

(1) ある3打点間の距離(きょり)が0.5cmであるとき，その3打点間における台車の速さは何cm/sか。〔　　〕

(2) 記録された記録テープは，図2のA～Dのどれか。〔　　〕

(3) 斜面の傾(かたむ)きを大きくすると，速さのふえ方は，図1のときと比べてどうなるか。〔　　〕

3 (1) F_1, F_2はFの分力である。
(2)斜面に平行なF_2の力によって物体が運動する。

4 (1) $\frac{1}{60}$秒ごとに打点するから，3打点するには$\frac{3}{60}$秒かかる。　(2)速さがしだいに速くなる運動である。

まとめのドリル

単元1

力と運動②

1 記録タイマーを使って，台車の運動のようすを調べるため，図1のように，台車に記録テープをつけ，水平な台の上で，強く台車をおして運動させ，その運動を記録テープに記録した。記録タイマーは，$\frac{1}{60}$秒ごとに点を打つものである。図2は，この運動のようすを記録した記録テープの一部であり，図3は，その記録テープを，6打点ごとに切ってはったものである。次の問いに答えなさい。

(各8点×5　40点)

図1

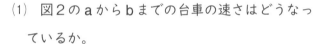

台車

記録タイマー

記録テープ

図2

A　B　C　D

a　b　c　d　e

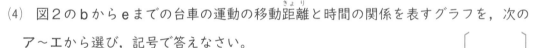

記録テープが移動した向き

図3

記録テープの長さ〔cm〕

5.4

3.4

0

A　B　C　D

(1)　図2のaからbまでの台車の速さはどうなっているか。　〔　　　　〕

(2)　bからeまでの運動を何というか。　〔　　　　〕

(3)　記録テープのBの区間における台車の速さは，何cm/sか。　〔　　　　〕

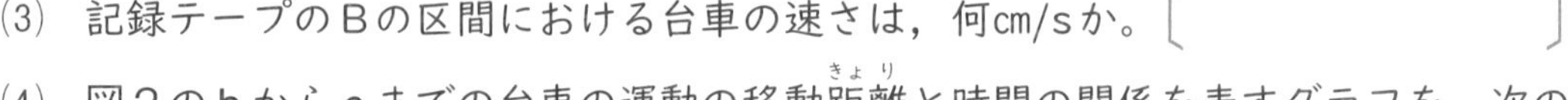

(4)　図2のbからeまでの台車の運動の移動距離(きょり)と時間の関係を表すグラフを，次のア～エから選び，記号で答えなさい。　〔　　〕

ア
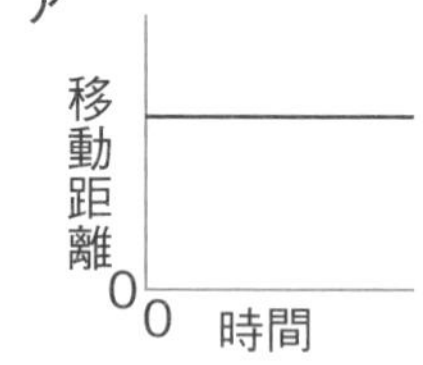

イ
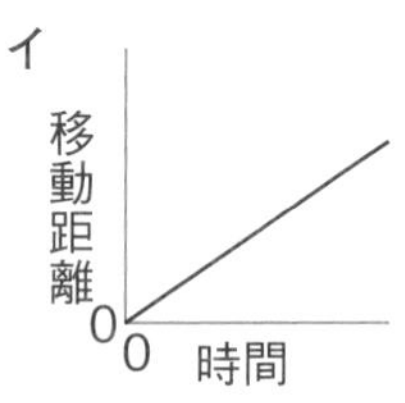

ウ
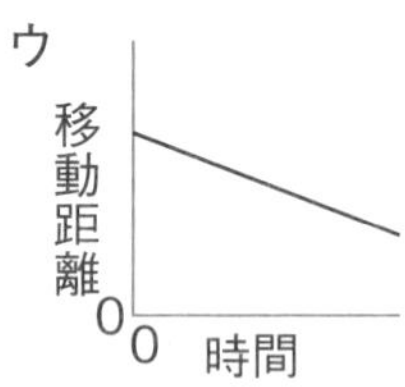

エ
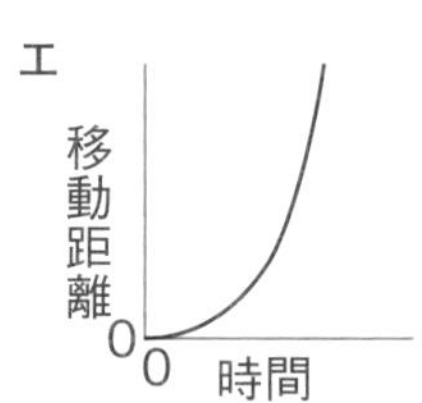

(5)　図2のDの区間を過ぎると，記録テープの打点間隔(かんかく)はしだいにせまくなった。これは，台車と台の面との間に，どんな力がはたらくためか。

〔　　　　〕

1 (1)打点間隔はしだいに広くなっている。 (2)打点は等間隔になっていて，速さは一定である。 (3)図3から数値を読みとって計算する。 (4)等速直線運動では，移動距離は経過した時間に比例する。

❷ 右の図は，物体Aの落下運動を，0.1秒ごとに記録したものである。次の問いに答えなさい。

（各８点×３　㉔点）

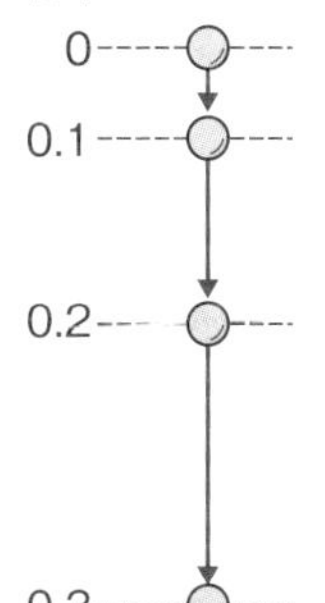

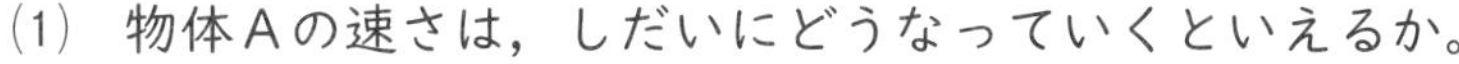
(1)　物体Aの速さは，しだいにどうなっていくといえるか。

〔　　　　　　〕

(2)　物体Aにはたらく下向きの力は何か。　〔　　　　　　〕

(3)　物体Aが落下する間，(2)の力の大きさは，どのように変化するか。

〔　　　　　　〕

❸ 右の図は，停止していたバスが急発進したときと，走行中のバスが急停止したときの乗客のようすを示したものである。次の問いに答えなさい。　（各９点×４　㊱点）

(1)　急発進や急停止のとき，乗客が後ろや前に倒（たお）れそうになる。これは物体に何という性質があるからか。　〔　　　　　　〕

(2)　急発進の場合，乗客が後ろに倒れそうになるのは，バスの中では「静止している物体は静止を続けようとするから」である。急停止のとき，乗客が前に倒れそうになるのはどうしてか。急発進のときの説明にならって書きなさい。

〔　　　　　　　　　　　　　　　　　　　　〕

(3)　(2)のようなことを何の法則というか。　〔　　　　　　〕

(4)　(3)の法則の条件として最も適当なものを，次のア～ウから選び，記号で答えなさい。　〔　　〕

ア　物体に外から力がはたらいていないときや，力がはたらいていてもつり合っているとき。

イ　物体に外から力がはたらいているとき。

ウ　物体に重力がはたらき続けているとき。

❷ 物体を自然に落下させると，物体には下向きの力の重力がはたらき続けるため，速さは一定の割合で速くなっていく。

❸ (2)急発進する前は，バスも乗客も静止した状態である。

定期テスト対策問題(1)

1 右の(1)，(2)の2力の合力を作図し，それぞれの合力の大きさを求めなさい。ただし，方眼の1目盛りは1Nとする。

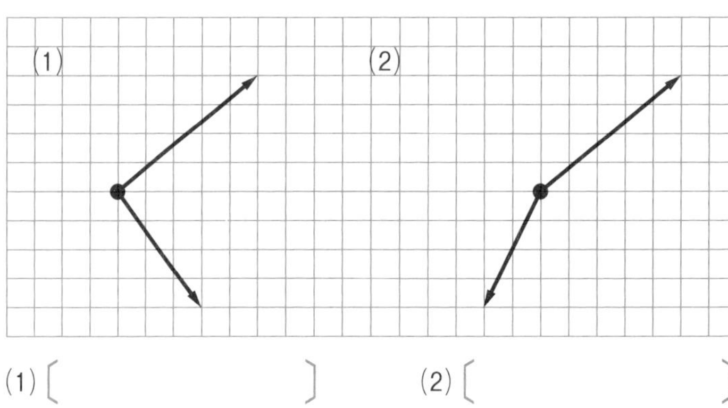

(各8点×4　32点)　(1)〔　　　　　〕　(2)〔　　　　　〕

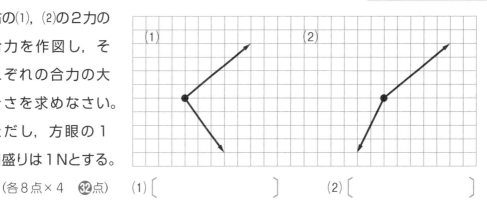

2 斜面(しゃめん)を下る物体の運動を調べるため，実験Ⅰ，Ⅱを行った。次の問いに答えなさい。ただし，実験Ⅰ，Ⅱでは，ともに台車は斜面上の同じ地点からはなしたものとする。　(各8点×3　24点)

〈実験Ⅰ〉　図1のような装置で，台車をはなし，斜面上を運動させ，記録テープに打点させた。図2は，その記録テープを6打点ごとに切って，台紙にはったものである。ただし，記録タイマーは，$\frac{1}{60}$秒間隔(かんかく)で点を打つものである。

〈実験Ⅱ〉　実験Ⅰの装置で，条件を1つだけ変えて実験したら，図3のような結果を得た。

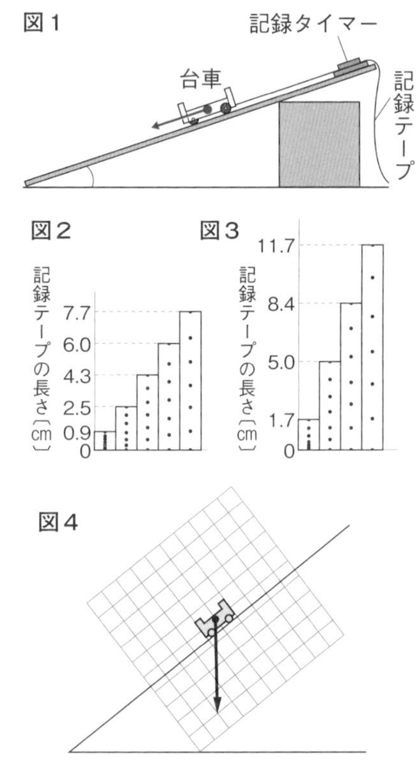

(1)　図4は，台車にはたらく重力を矢印で表したものである。このとき，重力の斜面に垂直な分力の大きさは8Nであった。斜面に平行な分力の大きさは何Nか。図4にかかれた方眼を利用して求めなさい。　〔　　　　　〕

(2)　台車が斜面上を移動した時間と速さの関係を表したグラフを，右のア〜エから選び，記号で答えなさい。〔　　　〕

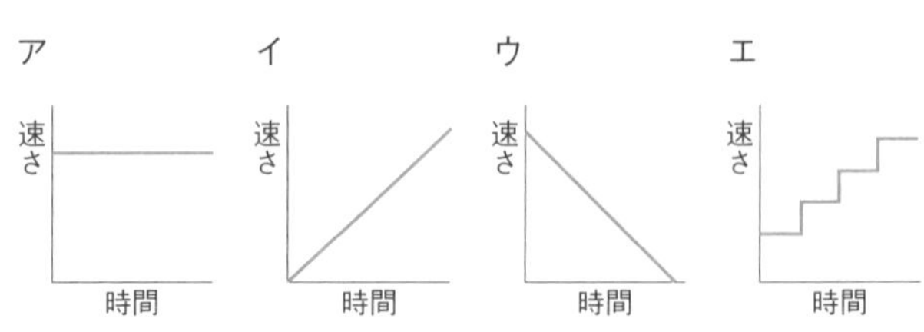

学習日　月　日　得点　点

(3) 実験Ⅱでは，実験Ⅰと比べて，何をどのように変えて実験したと考えられるか。

〔　　　　　　　　　　〕

3 図1のような装置で，FNの力を加えながら，ばねを水平に引き，物体の運動を調べる実験を行った。このとき，曲がらないように，物体をまっすぐに運動させた。図2は，このときの物体の速さと時間の関係を表したものである。次の問いに答えなさい。

（各8点×3　24点）

図1

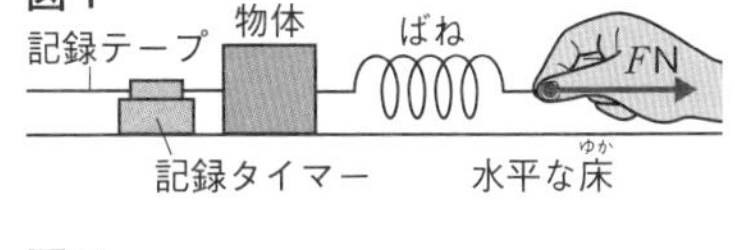

図2

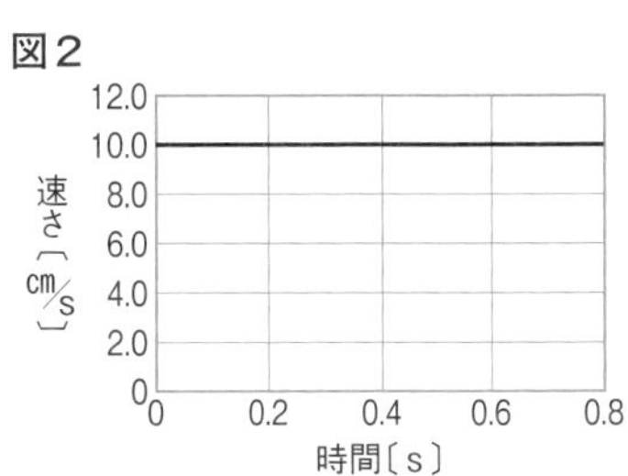

図3

移動距離〔cm〕 12.0 8.0 4.0 0

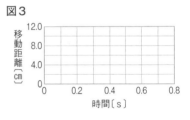

0 0.2 0.4 0.6 0.8

時間〔s〕

(1) 図2のような物体の運動を何というか。

〔　　　　　　〕

(2) この物体の時間と移動距離の関係を，図3にグラフで表しなさい。

(3) 右の表は，ばねを引く力とばねののびの関係を示したものであり，力を加えていないときのばねの長さは4.0cmである。図2のグラフで示された運動の間，ばねの長さは13.0cmであった。ばねを引いている力の大きさは何Nか。

ばねを引く力〔N〕	0	0.2	0.4	0.6	0.8	1.0
ばねののび〔cm〕	0	4.0	8.0	12.0	16.0	20.0

〔　　　　　　〕

4 右の図1は，走っている電車が急に止まったときの乗客のようす，図2は，ダルマ落としを表している。次の問いに答えなさい。

（各10点×2　20点）

図1　図2

(1) この図のような電車の乗客やダルマのもつ性質を何というか。〔　　　　　　〕

(2) 図1で，乗客が前に倒れそうになったり，あるいは倒れてしまったりするのはどうしてか。(1)の性質によって説明しなさい。

〔　　　　　　　　　　〕

定期テスト対策問題(2)

1 次の(1)〜(3)の2力の合力の大きさを求めなさい。　　(各8点×3　24点)

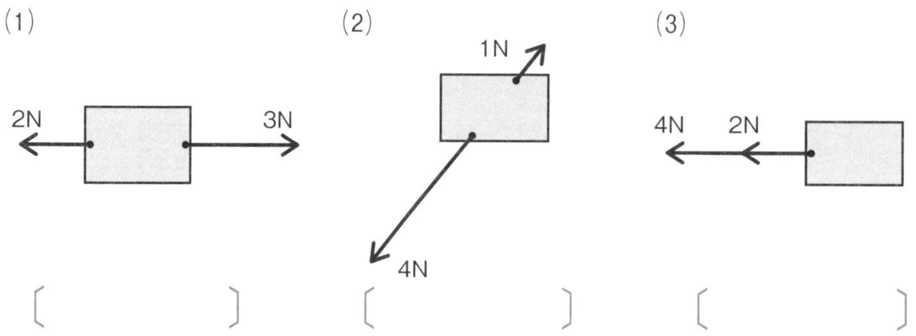

〔　　　〕　〔　　　〕　〔　　　〕

2 図1のように，200gのおもりをつるすと10cmのびるばねを斜面と平行にし，ばねの一端と台車を糸で結び，台車を静止させた。このときのばねののびは6.5cmであった。次に，糸を静かに切り，$\frac{1}{60}$秒ごとに打点する記録タイマーを用いて，台車が斜面上のP点から動き始め，水平面上のQ点を通過して，R点に達するまでの運動を調べた。図2は，台車の斜面上の運動を記録した記録テープの最初の部分で，打点Aから6打点ごとの打点B，C，Dまでの長さをそれぞれはかり，書き入れたものである。また，図3は，台車がQ点を通過してから，0.4秒後にR点に達するまでの，台車の速さと時間の関係を表したグラフである。次の問いに答えなさい。ただし，台車以外のものの質量や，台車と斜面や水平面との摩擦は考えないものとする。また，100gの物体にはたらく重力の大きさを1Nとする。　(各9点×4　36点)

図1

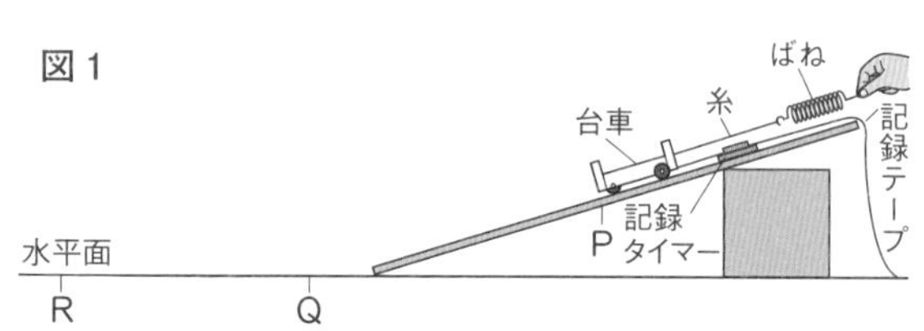

図2　左端の点から始まっている。

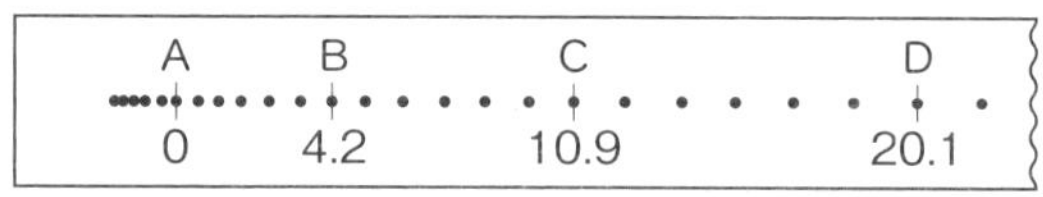

(打点Aからの長さ：単位cm)

図3

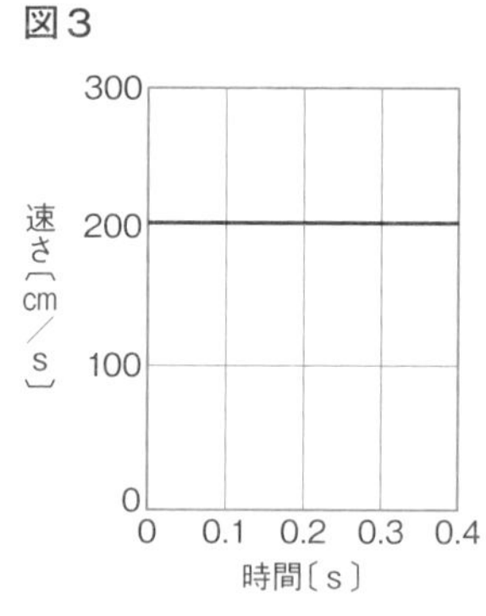

(1) この実験で用いた記録タイマーが，6打点の間隔(かんかく)を進むのにかかる時間は何秒か。

〔　　　　〕

(2) 台車が斜面上にあるとき，台車にはたらく重力の，斜面に平行な分力の大きさは何Nか。

〔　　　　〕

(3) 図2の記録テープに記録された打点AB間，打点AD間の長さは，それぞれ4.2cm，20.1cmである。打点BD間における台車の平均の速さは何cm/sか。答えは小数第1位まで求めなさい。

〔　　　　〕

(4) Q点からR点までの距離(きょり)は何cmか。

〔　　　　〕

3 右の図のように，質量50gの物体をばねばかりにつるして水中に沈(しず)めると，ばねばかりは0.4Nを示した。次の問いに答えなさい。ただし，100gの物体にはたらく重力の大きさを1Nとする。

(各8点×5 40点)

ばね ばかり
水
物体

(1) 水中でこの物体の上面にはたらく圧力と，底面にはたらく圧力では，どちらの面にはたらく圧力が大きいか。

〔　　　　〕

(2) (1)のように，物体の上面と底面にはたらく力の差によって生じる力を何というか。また，この力がはたらく向きを答えなさい。

力〔　　　　〕 向き〔　　　　〕

(3) (2)の力の大きさは何Nか。

〔　　　　〕

(4) この物体を水槽(すいそう)の底に達する直前まで，深く沈めていくと，ばねばかりの示す値はどうなるか。次のア～ウから選び，記号で答えなさい。

〔　　　　〕

ア 大きくなっていく。

イ 小さくなっていく。

ウ 変わらない。

復習 中2までに学習した「てこ」「電流のはたらき」

1 てこのはたらき

① **てこの支点・力点・作用点の位置と手ごたえ**

●**支点と作用点の位置が一定のとき**…力点が支点から遠いほど，手ごたえは小さい。

●**支点と力点の位置が一定のとき**…作用点が支点に近いほど，手ごたえは小さい。

② **てこの利用**　てこを使うと，小さな力で大きな力を出したり，細かい作業をしたりすることができる。

例　ペンチ，くぎぬき，空きかんつぶし器，せんぬき，はさみ　など。

2 電気のはたらき

① **電気のはたらき**　電気は，次のようなはたらきをすることができる。

・明かりをつける（豆電球）　・音を鳴らす（電子オルゴール）

・鉄を引きつける（電磁石）　・熱を出す（電熱線）

・ものを動かす（モーター）

② **電気をつくる・ためる**　電気は，発電機によってつくることができる。また，コンデンサーにためておくことができる。

3 電流のはたらき

① **電力**　電気器具が，熱，光，音などを出したり，ものを動かしたりする能力（電気エネルギー）の大きさ。電圧と電流の積で表され，単位はワット（W）を用いる。1Vの電圧を加えて1Aの電流が流れたときの電力が1Wである。

電力〔W〕＝電圧〔V〕×電流〔A〕

② **電力量**　電気器具が消費する電気エネルギーの総量。単位はジュール（J）やワット時（Wh）を用いる。1Wの電気器具が1秒間に消費する電力量が1Jである。

電力量〔J〕＝電力〔W〕×時間〔s〕　　電力量〔Wh〕＝電力〔W〕×時間〔h〕

③ **熱量**　ものの温度を上げることができる熱エネルギーの量。単位はジュール（J）を用いる。

水1gの温度を1℃上げるのに必要な熱量は，約4.2Jである。

④ **電力量と熱量**　電力量と熱量の単位が同じなのは，ともにエネルギーの量を表す単位だからである。

復習ドリル

1 右の図のように，てこを使って荷物を持ち上げた。次の問いに答えなさい。

(1) 同じ重さの荷物を持ち上げるとき，次のようにすると，手ごたえはそれぞれどうなるか。

① 支点と力点の位置を変えずに，作用点を支点に近づける。
〔　　　　　〕

② 支点と作用点の位置を変えずに，力点を支点から遠ざける。
〔　　　　　〕

(2) てこのはたらきを利用している道具を，次のア～ウから選び，記号で答えなさい。〔　　　　　〕

ア はさみ　イ 鉛筆　ウ カッターナイフ

2 次のア～ウから，電磁石のはたらきを利用しているものを選び，記号で答えなさい。〔　　　　　〕

ア モーター　イ 発光ダイオード　ウ 豆電球

3 電熱線が消費する電力や電熱線の発熱などについて，次の問いに答えなさい。

(1) 電熱線Aに5Vの電圧を加えたところ，0.3Aの電流が流れた。このときの電力は何Wか。〔　　　　　〕

(2) 抵抗が40Ωの電熱線Bの両端（りょうたん）に，1分45秒間，4Vの電圧を加えた。ただし，1gの水を1℃上げる熱量は4.2Jとする。

① 電熱線Bが消費した電力量は何Jか。〔　　　　　〕

② 電熱線Bで発生した熱のすべてが水の温度上昇（じょうしょう）に使われるとすると，10gの水の温度を何℃上昇させることができるか。
〔　　　　　〕

思い出そう

◀支点・力点・作用点の位置が変わると，手ごたえも変化する。

◀モーターは，磁石と電磁石のはたらきで回る。

◀1Vの電圧を加えて1Aの電流を1秒間流したときに消費される電気エネルギーが1Jである。

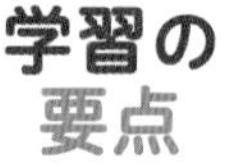

4章 仕事－1

❶仕事

① **理科でいう仕事** 物体に力を加えて，その力の向きに移動させたとき，力は物体に仕事をしたという。

●仕事をしたことになる例

物体を持ち上げる。

水平面上の物体を移動させる。

物体を投げる。

●仕事をしたことにならない例

物体を同じ高さで持ち続ける。

物体をおしたが動かなかった。

物体が倒（たお）れないように支え続けた。

② **仕事の大きさと単位** 仕事の大きさは，物体に加えた力の大きさと，力の向きに移動した距離（きょり）の積で表される。仕事の単位には，ジュール（J）を用いる。

> **仕事〔J〕**
> **＝加えた力の大きさ〔N〕×力の向きに移動した距離〔m〕**

●**物体を持ち上げたときにした仕事の大きさ**

仕事＝物体にはたらく重力の大きさ×持ち上げた高さ

例 5Nの重力がはたらく物体を1.5mの高さに持ち上げたときの仕事

5N×1.5m＝7.5J

●**水平面上で物体を動かしたときの仕事の大きさ**

仕事＝物体に加えた力×移動させた距離

（加えた力→摩擦力と等しい）

例 水平面上の物体に力を加え，力の大きさが0.5Nで物体を動かし，0.3m移動した場合の仕事

0.5N×0.3m＝0.15J

! ミスに注意

理科でいう仕事

物体に力を加えても，物体が動かなければ，移動距離が0なので，仕事の大きさは0である。

覚えると得

物体を持ち上げるときに必要な力

道具を使わずに，物体を真上に持ち上げるときに必要な力の大きさは，その物体にはたらく重力の大きさに等しい。

摩擦力（まさつりょく）

水平面上の物体に力を加えると，加えた力の大きさが，物体と水平面の間にはたらく摩擦力と等しくなったときに，物体は動き出す。

基本チェック

左の「学習の要点」を見て答えましょう。

学習日　月　日

1 仕事について，次の文の〔　〕にあてはまることばや数字，記号を書きなさい。

チェック P.48 1

- 物体に，〔①　　〕を加えて，その①の向きに〔②　　〕させたとき，①は物体に仕事をしたという。
- 物体を持ち上げたときは，物体に仕事をしたことに〔③　　〕。
- 物体を同じ高さで持ち続けたときは，物体に仕事をしたことに〔④　　〕。
- 水平面上の物体をおして移動させたときは，物体に仕事をしたことに〔⑤　　〕。
- 水平面上の物体をおしたが物体が動かなかったときは，物体に仕事をしたことに〔⑥　　〕。
- 物体を前方に投げたときは，物体に仕事をしたことに〔⑦　　〕。
- 物体が倒れないように支え続けたときは，物体に仕事をしたことに〔⑧　　〕。
- 仕事の大きさは，物体に加えた力の大きさと，力の向きに移動した〔⑨　　〕の積で表される。仕事の単位には〔⑩　　〕（記号は〔⑪　　〕）を用いる。

仕事＝〔⑫　　〕×〔⑬　　〕

- ５Ｎの重力がはたらく物体を1.5mの高さに持ち上げたときの仕事は，〔⑭　　〕×〔⑮　　〕＝〔⑯　　〕
- 水平面上の物体を0.5Ｎの力でおし，0.3m移動させた場合の仕事は，〔⑰　　〕×〔⑱　　〕＝〔⑲　　〕
- 道具を使わずに，物体を真上に持ち上げるときに必要な力の大きさは，その物体にはたらく〔⑳　　〕の大きさに等しい。
- 水平面上の物体に力を加えて動かしたとき，加えた力の大きさは，物体と水平面の間にはたらく〔㉑　　〕と等しい。

4章 仕事－2

2 仕事の原理

① **仕事の原理** 一般(いっぱん)に，道具を使って仕事をしても，仕事の大きさは変わらない。
↳滑車やてこなど。

● 2Nの物体を1m持ち上げるときの仕事
↳重力の大きさ

・直接手でする場合

$2\,N \times 1\,m = 2\,J$

・定滑車(ていかっしゃ)を使ってする場合

力の向きは変わるが，仕事の大きさは同じ。
↳$2N \times 1m = 2J$

・動滑車を使ってする場合
↳動滑車の質量は無視できるものとする。

$1\,N \times 2\,m = 2\,J$
↳ひもを引く力は半分，距離は2倍になる。

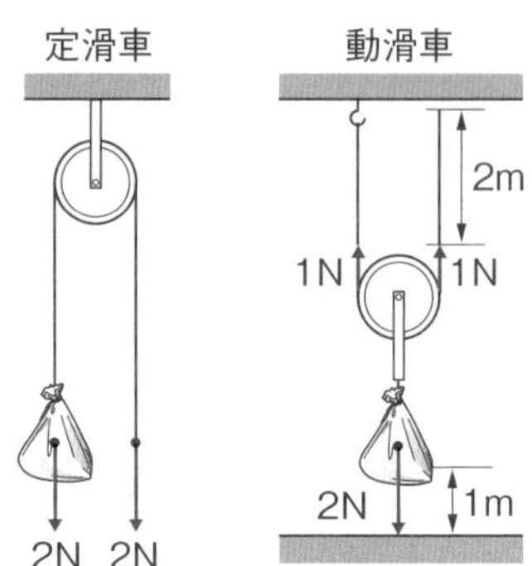

動滑車を使うと力は$\frac{1}{2}$になるが，ひもを引く距離(きょり)は，2倍になる。

● てこを使用した仕事…てこを利用しても，動滑車と同じように，小さい力で物体を持ち上げられるが，下の図のように，てこを下に下げる距離が長くなり，仕事の大きさは変わらない。
↳輪軸の場合も同じ。

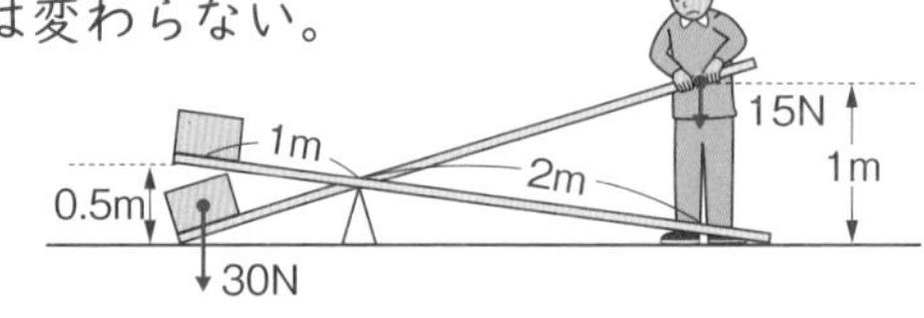

3 仕事率

① **仕事率** 単位時間（1秒間）あたりにする仕事の量。単位はワット（W）を用いる。
↳仕事の能率の大小を表す。

$$仕事率〔W〕= \frac{仕事〔J〕}{かかった時間〔s〕}$$

仕事の量のことを，仕事の大きさともいう。

● 30Nの重力がはたらく物体を，2m持ち上げるのに15秒かかったときの仕事率は，

$$\frac{30\,N \times 2\,m}{15\,s} = 4\,W$$

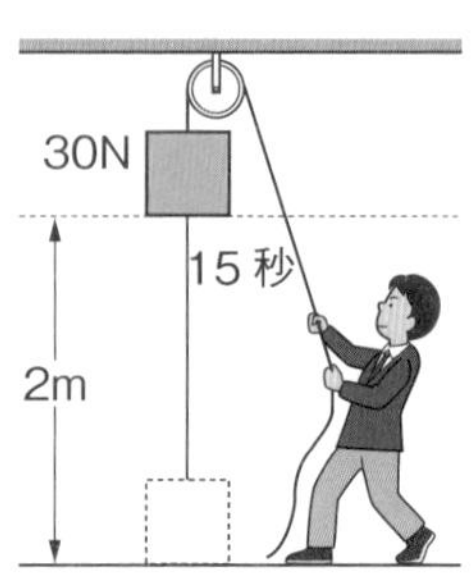

覚えると得

動滑車の組み合わせ
物体とともに動く滑車を動滑車といい，動滑車を1つ使うと，力が$\frac{1}{2}$になるので，動滑車を多く組み合わせれば，小さな力で大きな物体を持ち上げられる。

斜面(しゃめん)を使った仕事
斜面を使って持ち上げても，直接手で真上に持ち上げる仕事の大きさと同じである。

輪軸(りんじく)
大小の輪が組み合わされ，大きい輪に力を加えると，小さい輪に大きい力が加わるため，小さな力で物体を持ち上げることができる。

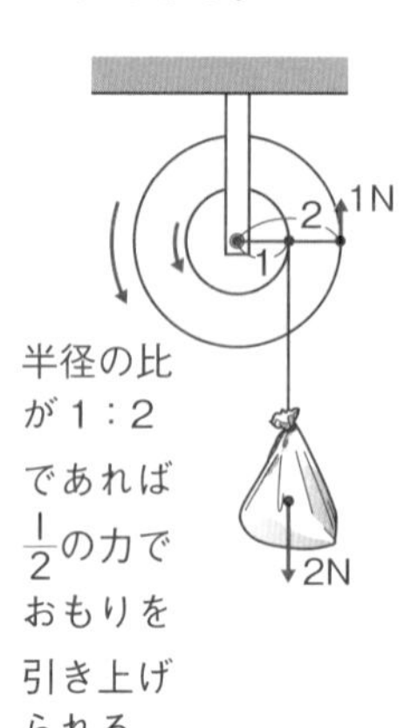

半径の比が1：2であれば$\frac{1}{2}$の力でおもりを引き上げられる。

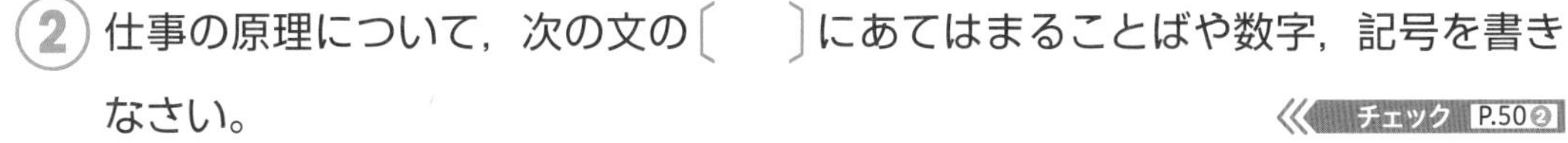

② 仕事の原理について，次の文の〔　〕にあてはまることばや数字，記号を書きなさい。

チェック P.50②

- ２Ｎの重力がはたらく物体を，１ｍ持ち上げる（滑車やひもの質量は考えない）。
  - 定滑車を使った場合…必要な力の大きさは〔①　〕N，ひもを引く距離は〔②　〕ｍなので，仕事の大きさは，〔③　〕×〔④　〕＝〔⑤　〕
  - 動滑車を１つ使った場合…必要な力の大きさは〔⑥　〕N，ひもを引く距離は〔⑦　〕ｍなので，仕事の大きさは，〔⑧　〕×〔⑨　〕＝〔⑩　〕
- 右の図のように，てこを使って人がてこを１ｍおし下げ，30Ｎの重力がはたらく荷物を持ち上げる（てこの質量や摩擦（まさつ）は考えない）。

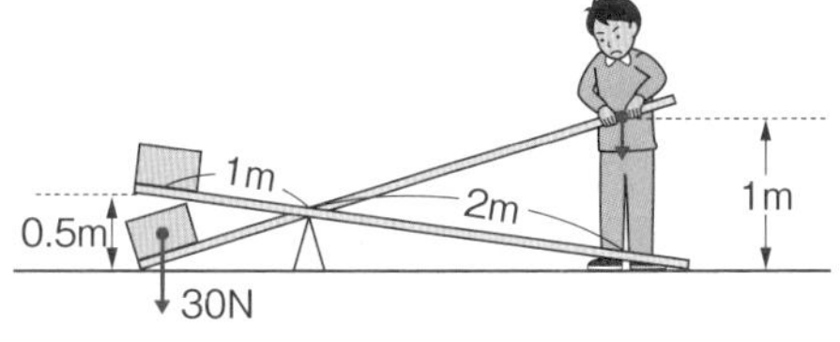

  - 人がてこをおした力は〔⑪　〕Ｎなので，人がした仕事の大きさは，〔⑫　〕×〔⑬　〕＝〔⑭　〕
  - 荷物は〔⑮　〕ｍおし上げられたので，荷物がされた仕事の大きさは，〔⑯　〕×〔⑰　〕＝〔⑱　〕

③ 仕事率について，次の文の〔　〕にあてはまることばや数字，記号を書きなさい。

チェック P.50③

- 〔①　〕（１秒間）あたりにする〔②　〕の量を仕事率という。
- 仕事率の単位には〔③　〕（記号は〔④　〕）を用いる。

仕事率〔W〕＝ $\dfrac{〔⑤\quad〕}{〔⑥\quad〕}$

- 30Ｎの重力がはたらく物体を，２ｍ持ち上げるのに15秒かかったときの仕事率は，$\dfrac{〔⑦\quad〕\times〔⑧\quad〕}{〔⑨\quad〕}$ ＝〔⑩　〕

4章 仕事

1 理科では，物体に力を加えて，その力の向きに物体を動かしたとき，物体に仕事をしたという。次の問いに答えなさい。 チェック P.48 ❶ (各7点×5 35点)

(1) 下の①～④の作業のうち，理科でいう仕事はどれか。仕事には「仕事」，仕事ではないものには「仕事ではない」と〔　　〕に書きなさい。

①荷物を持ち上げる。
②岩を動かそうとしたが動かなかった。
③荷物をわたされたのでそのまま持っていた。
④ひもを使って荷物を持ち上げた。

〔　　　　〕〔　　　　〕〔　　　　〕〔　　　　〕

(2) (1)で「仕事ではない」と答えた作業は，物体に力を加えた，力の向きに物体を動かしたという条件のうち，どの条件が不足しているか。

〔　　　　　　　　〕

2 右の図のように，4kgと1kgの物体を，それぞれ2m持ち上げた。これについて，次の問いに答えなさい。ただし，100gの物体にはたらく重力の大きさを1Nとする。

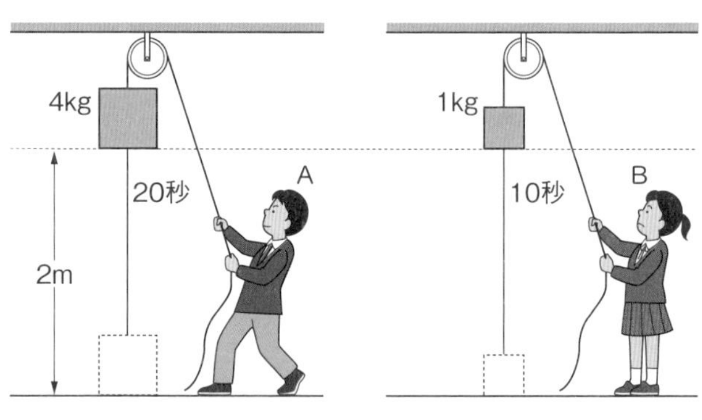

チェック P.48 ❶ P.50 ❸ (各5点×4 20点)

(1) Aがした仕事は何Jか。 〔　　　　〕

(2) Bがした仕事は何Jか。 〔　　　　〕

(3) Aの仕事は20秒，Bの仕事は10秒かかった。2人の仕事は，どちらが能率がよいかを調べるため，同じ時間にした仕事の大きさを比べたい。A，Bの仕事率はそれぞれ何Wか。

A〔　　　　〕 B〔　　　　〕

学習日 月 日 得点 点

3 下の図の①～③のように，3kgの物体を１m持ち上げるときの，直接手で持ち上げる仕事と，道具を使った仕事の比較をした。次の問いに答えなさい。ただし，100ｇの物体にはたらく重力の大きさを１Nとする。

チェック P.50②（各５点×９ 45点）

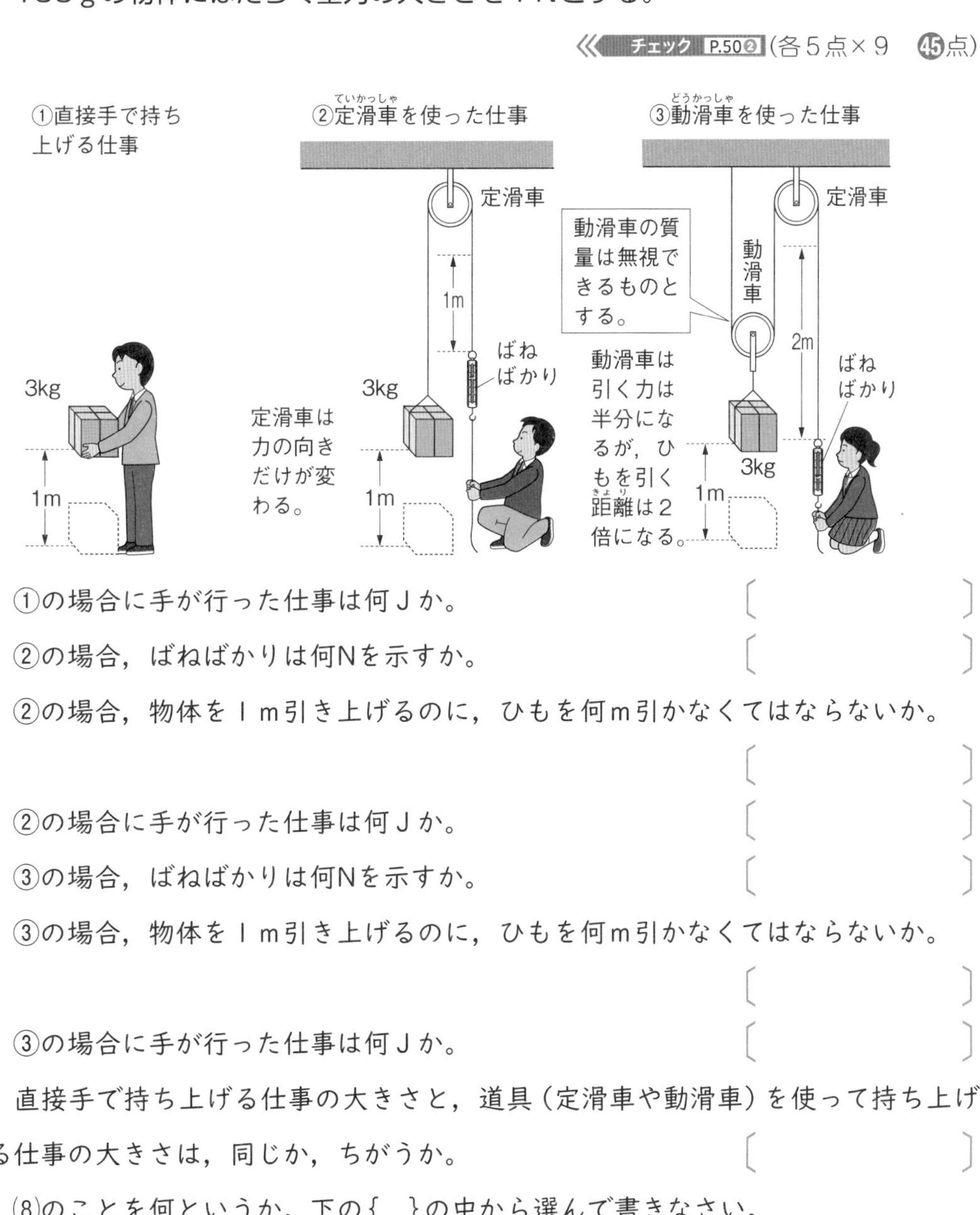

(1) ①の場合に手が行った仕事は何Ｊか。 〔　　　　〕

(2) ②の場合，ばねばかりは何Nを示すか。 〔　　　　〕

(3) ②の場合，物体を１m引き上げるのに，ひもを何m引かなくてはならないか。 〔　　　　〕

(4) ②の場合に手が行った仕事は何Ｊか。 〔　　　　〕

(5) ③の場合，ばねばかりは何Nを示すか。 〔　　　　〕

(6) ③の場合，物体を１m引き上げるのに，ひもを何m引かなくてはならないか。 〔　　　　〕

(7) ③の場合に手が行った仕事は何Ｊか。 〔　　　　〕

(8) 直接手で持ち上げる仕事の大きさと，道具（定滑車や動滑車）を使って持ち上げる仕事の大きさは，同じか，ちがうか。 〔　　　　〕

(9) (8)のことを何というか。下の｛　｝の中から選んで書きなさい。 〔　　　　〕

｛ 慣性の法則　２力の合力　仕事の原理 ｝

練習ドリル 4章 仕事

1 右の図のように，500 gの砂袋(すなぶくろ)を10cm引き上げた。次の問いに答えなさい。ただし，ばねばかりの質量は考えないものとし，100 gの物体にはたらく重力の大きさを１Ｎとする。（各６点×３　18点）

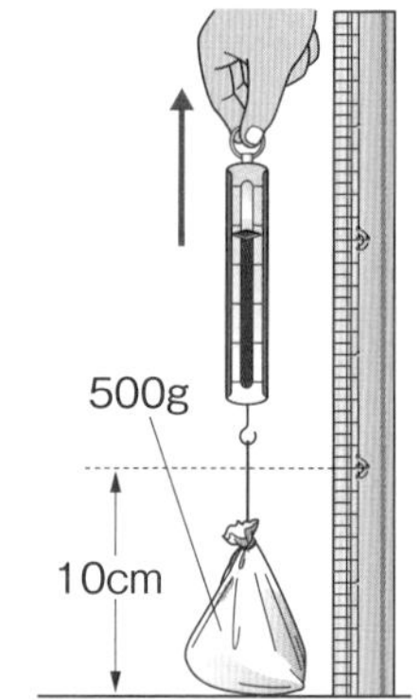

(1) 砂袋にはたらく重力の大きさは何Ｎか。〔　　　　〕

(2) 手が加える力の大きさは何Ｎか。〔　　　　〕

(3) 手が砂袋にした仕事は何Ｊか。〔　　　　〕

2 いろいろな仕事について，次の問いに答えなさい。ただし，100 gの物体にはたらく重力の大きさを１Ｎとする。（各７点×５　35点）

(1) １Ｊとは，物体に何Nの力を加え続けて１m動かしたときの仕事を表しているか。〔　　　　〕

(2) 20kgの物体に力を加え続けても，動かない場合の仕事の大きさは何Ｊになるか。〔　　　　〕

(3) 水平な床(ゆか)の上に置いた500 gの物体を，一定の速さで引いて40 cm動かした。このときの摩擦力(まさつりょく)は2Nであるとすると，加えた力がした仕事は何Ｊか。〔　　　　〕

(4) 100kgの荷物を，クレーンで20mの高さまで持ち上げるのに20秒かかった。このときの仕事率は何Wか。〔　　　　〕

(5) 動滑車(どうかっしゃ)を使って，５kgの荷物を，４mの高さまで持ち上げるのに10秒かかった。このときの仕事率は何Wか。ただし，滑車の質量は考えないものとする。〔　　　　〕

1 (1)100 g の物体にはたらく重力の大きさは１Ｎなので，500 g の物体にはたらく重力の大きさは５Ｎである。

2 (4)仕事率〔W〕$=\frac{\text{仕事〔J〕}}{\text{仕事をした時間〔s〕}}$

(5)５kgの荷物を４m上げた仕事である。

学習日 月 日 得点 点

3 右の図のように，10kgの物体を1m持ち上げたり，横に1m動かしたりした。次の問いに答えなさい。ただし，100gの物体にはたらく重力の大きさを1Nとする。 (各6点×2 12点)

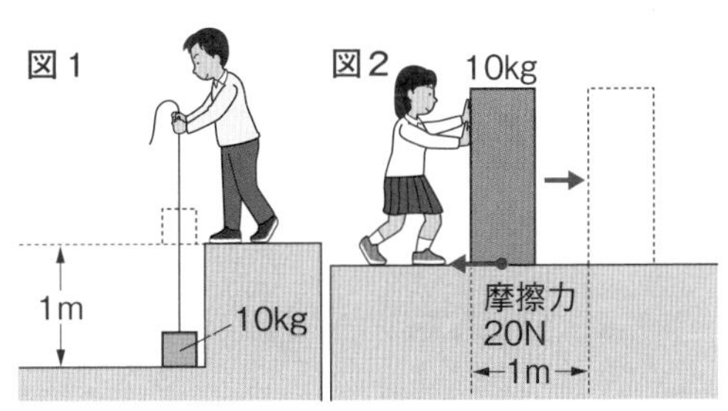

(1) 図1のように，物体をある高さまで持ち上げるには，物体にはたらく重力と同じ大きさで，上向きの力を加えればよい。図1でした仕事は何Jか。

〔　　　　〕

(2) 図2のように，水平な床の上で物体を動かすには，摩擦力と同じ大きさで，逆向きの力を加え続けなければならない。図2でした仕事は何Jか。

〔　　　　〕

4 右の図のA～Cのように，3通りの方法で，質量2kgの物体を3mの高さに引き上げた。次の問いに答えなさい。ただし，滑車やひもの質量，摩擦は考えないものとし，100gの物体にはたらく重力の大きさを1Nとする。

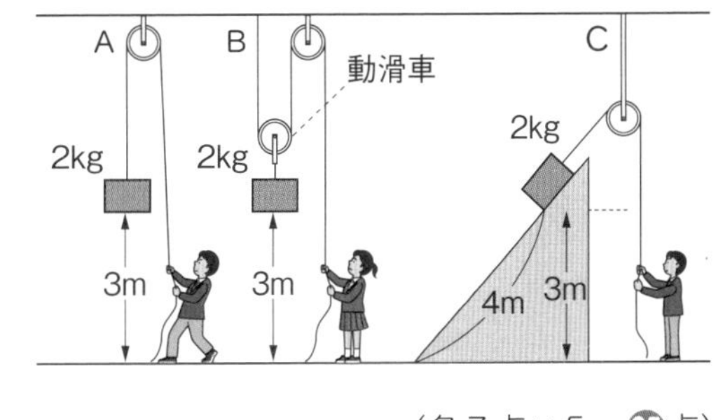

(各7点×5 35点)

(1) Aで，人が物体を引き上げた仕事は何Jか。 〔　　　　〕

(2) Bで，ひもを引き下げた距離(きょり)は何mか。 〔　　　　〕

(3) Bで，人が物体にした仕事は何Jか。 〔　　　　〕

(4) A～Cで，ひもを引く速さはどれも毎秒1mであった。このとき，仕事率が最も大きいのはどれか。記号で答えなさい。 〔　　　　〕

(5) (4)で選んだ方法での仕事率は何Wか。 〔　　　　〕

3 仕事〔J〕は，加えた力の大きさ〔N〕×力の向きに移動した距離〔m〕である。

4 (4)ひもを引く距離が最も長いのはBで，6mである。したがって，Bが最も時間がかかっている。

4章 仕事

1 下の①～⑨の物体を持ち上げる仕事で，同じ大きさの仕事が3つずつある。それぞれのグループに分類しなさい。ただし，滑車やひもの質量，摩擦は考えないものとし，100 g の物体にはたらく重力の大きさを1Nとする。（各6点×9 54点）

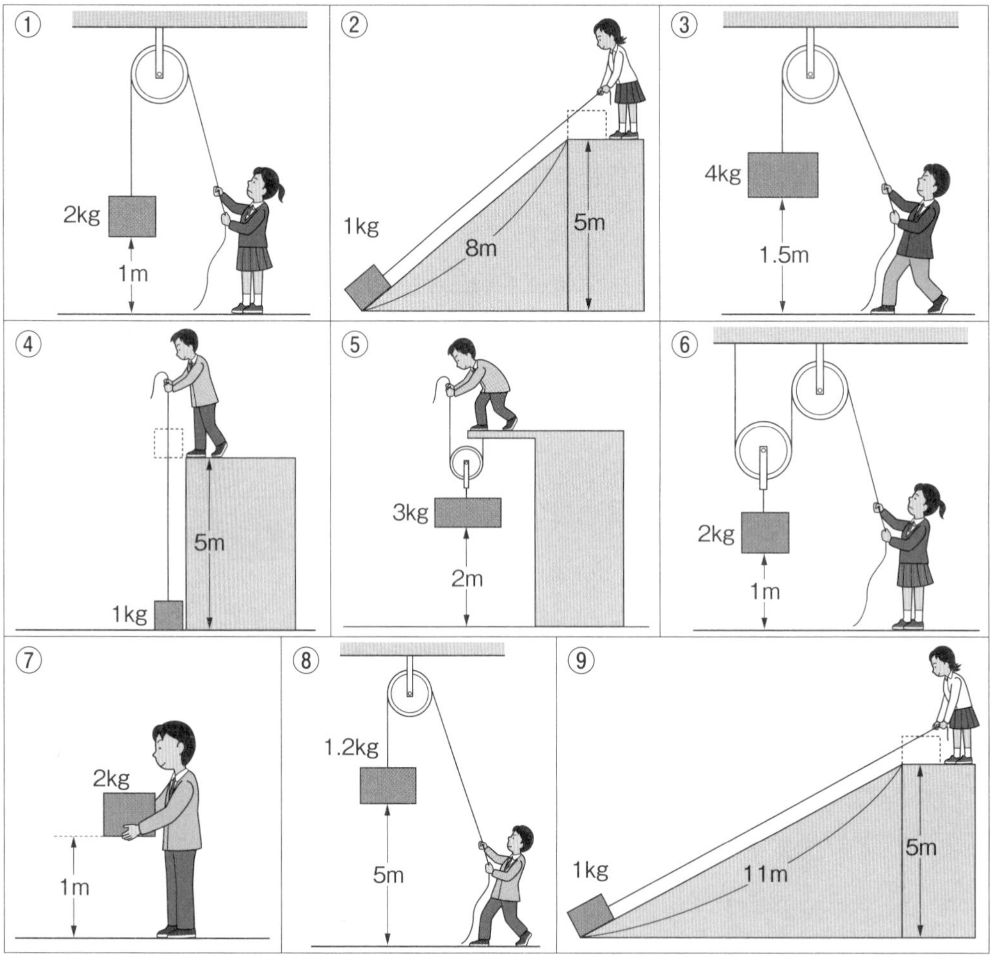

① 2kg 1m

② 1kg 8m 5m

③ 4kg 1.5m

④ 1kg 5m

⑤ 3kg 2m

⑥ 2kg 1m

⑦ 2kg 1m

⑧ 1.2kg 5m

⑨ 1kg 11m 5m

(1) 20 J の仕事のグループ。 ………［　　］［　　］［　　］

(2) 50 J の仕事のグループ。 ………［　　］［　　］［　　］

(3) 60 J の仕事のグループ。 ………［　　］［　　］［　　］

1 仕事の原理から考えること。仕事の原理とは，てこを使っても，動滑車を使っても，斜面を使っても，仕事の大きさは変化しないということである。

学習日　　月　　日　得点　　点

2 右の図のように，100ｇのおもりをつけた糸で，木片(もくへん)を引いた。木片は一定の速さで70cm移動するのに，２秒かかった。おもりが木片にした仕事とそのときの仕事率を求めなさい。ただし，100ｇの物体にはたらく重力の大きさを１Nとする。

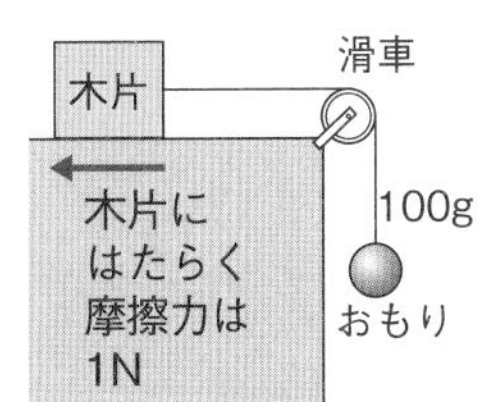

（各７点×２　14点）

仕事〔　　　　〕
仕事率〔　　　　〕

3 下の図のように，12kgの物体を床(ゆか)から1.6mの高さに引き上げたところ，Aは４秒，Bは８秒，Cは５秒かかった。次の問いに答えなさい。ただし，滑車やひもの質量，摩擦は考えないものとし，100ｇの物体にはたらく重力の大きさを１Nとする。

（各８点×４　32点）

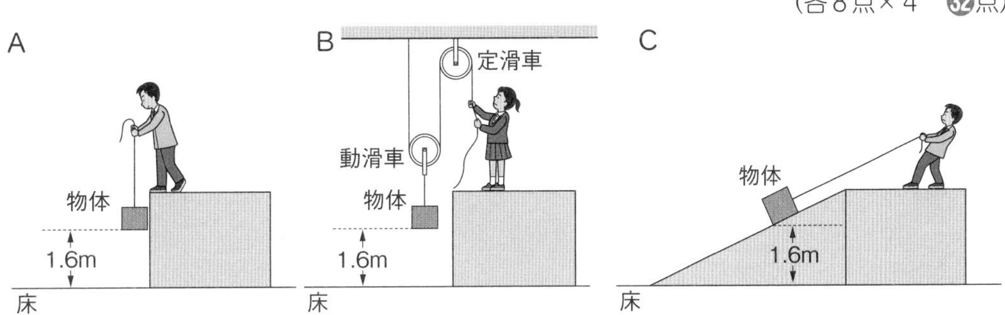

(1)　最も仕事率が大きいものを，A～Cから選び，記号で答えなさい。また，その仕事率は何Wか。　記号〔　　　〕　仕事率〔　　　　〕

(2)　Bがひもを引いた力の大きさは何Nか。

〔　　　　〕

(3)　Cがひもを引いた力の大きさは，Bがひもを引いた力の大きさの$\frac{2}{3}$であった。Cは，ひもを何m引いたか。　〔　　　　〕

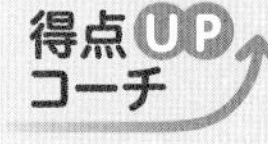

2 質量100ｇのおもりにはたらく重力の大きさはＩＮである。摩擦力とおもりにはたらく重力が同じ大きさになる。

3 (1)仕事の原理より，どれも仕事の大きさは同じなので，かかった時間が短いほど仕事率は大きい。

5章 エネルギー－1

1 物体がもつエネルギー

① **エネルギー**　物体がほかの物体に対して仕事をすることができる能力。単位は，仕事の単位と同じジュール(J)を用いる。

② **位置エネルギー**　高いところにある物体がもつエネルギー。物体が高いところにあるほど，物体の質量が大きいほど，位置エネルギーは大きくなる。

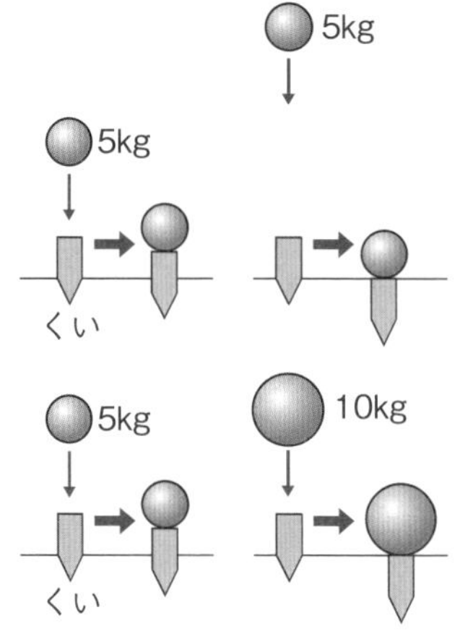

③ **運動エネルギー**　運動している物体がもつエネルギー。物体の速さが速いほど，物体の質量が大きいほど，運動エネルギーは大きくなる。

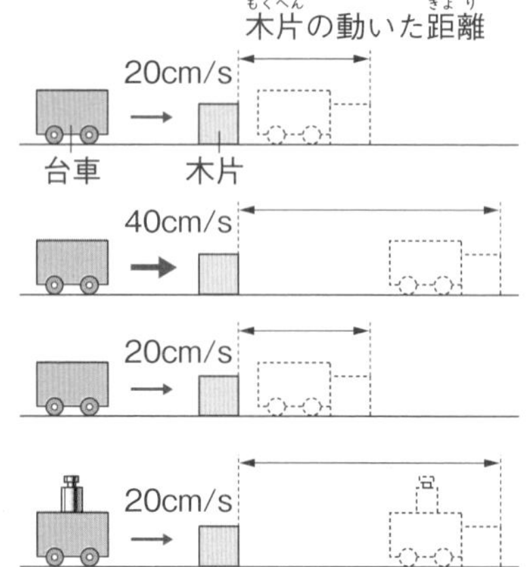

④ **弾性(だんせい)エネルギー**　ゴムやばねが変形することによってもつエネルギー。変形したばねやゴムは，もとにもどるときに物体を動かすことができる。弾性エネルギーは，変形が大きいほど大きくなる。
→変形：ねじれたり，のびたり，縮んだりすること。

⑤ **電気エネルギー**　電気がもつエネルギー。
→いろいろなエネルギーに変えやすい。

⑥ **熱エネルギー**　あたためられることでもつエネルギー。
→ものを動かしたりする。

⑦ **光エネルギー**　光がもつエネルギー。
→電気をつくったり，ものをあたためたりする。

⑧ **音エネルギー**　音が出ることでもつエネルギー。
→音が物体を振動(しんどう)させる。

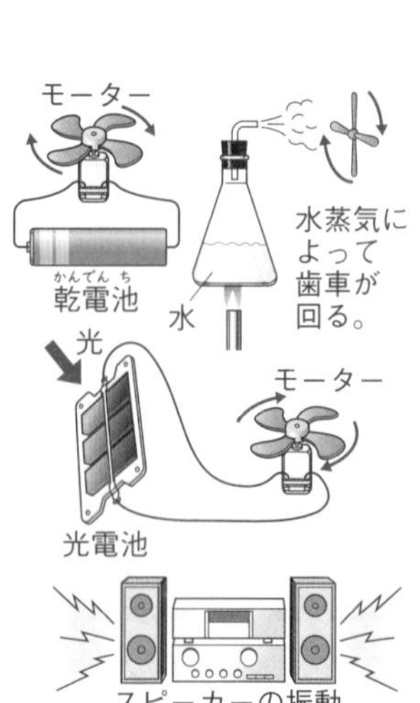

覚えると得

エネルギーの大小
エネルギーの大小は，くいが打ちこまれた深さの違(ちが)いなど，仕事をする能力の大きさで，比べることができる。

電気エネルギーの単位
1Wの電力を1秒間使用したときの電気エネルギーが1Jである。

光電池
光エネルギーを直接電気エネルギーに変換(へんかん)する装置。太陽電池ともいう。

その他のエネルギー
- 核(かく)エネルギー
- 化学エネルギー

など。

基本チェック

左の「学習の要点」を見て答えましょう。

学習日　　月　　日

1 物体がもつエネルギーについて，次の文の〔　〕にあてはまることばを書きなさい。

チェック P.58 1①～③

- 高いところにある物体がもつエネルギーを〔①　　　　〕エネルギーという。
- 物体の質量が同じとき，①のエネルギーは，〔②　　　　〕ところにあるものほど大きくなる。
- 物体の位置が同じ高さのとき，①のエネルギーは，質量が〔③　　　　〕ものほど大きくなる。
- 運動している物体がもつエネルギーを〔④　　　　〕エネルギーという。
- 物体の質量が同じとき，④のエネルギーは，速さが〔⑤　　　　〕ものほど大きくなる。
- 物体の速さが同じとき，④のエネルギーは，質量が〔⑥　　　　〕ものほど大きくなる。

2 いろいろなエネルギーについて，次の文の〔　〕にあてはまることばや数字を書きなさい。

チェック P.58 1④～⑧

- ゴムやばねが変形することによってもつエネルギーを〔①　　　　〕という。変形されたゴムやばねが，もとにもどるときに物体を動かすことができるのは，①があるからである。①の大きさは，変形が大きいほど〔②　　　　〕。

ゴム

- 電気がもつエネルギーを〔③　　　　〕という。
- あたためられることでもつエネルギーを〔④　　　　〕という。
- 光がもつエネルギーを〔⑤　　　　〕という。
- 音が出ることでもつエネルギーを〔⑥　　　　〕という。
- エネルギーの大きさを表す単位は，〔⑦　　　　〕（記号は〔⑧　　　　〕）である。
- １Wの電力を１秒間使用したときの電気エネルギーが〔⑨　　　　〕Jである。

5章 エネルギー－2

② エネルギーの移り変わり

① **力学的エネルギー**　位置エネルギーと運動エネルギーの和。

- エネルギーの移り変わり…位置エネルギーが減った分だけ運動エネルギーがふえ，運動エネルギーが減った分だけ位置エネルギーがふえる。

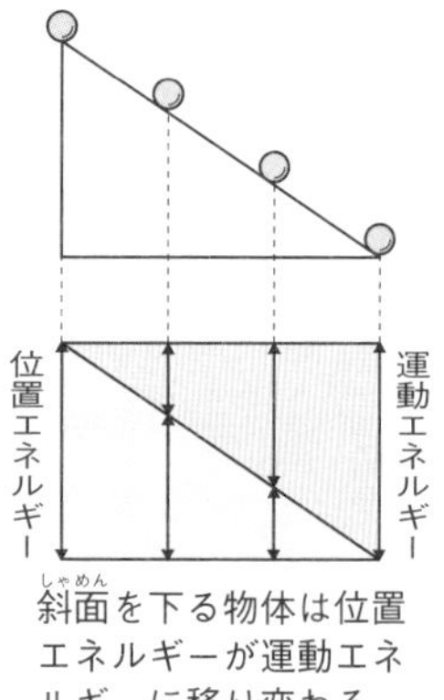

斜面を下る物体は位置エネルギーが運動エネルギーに移り変わる。

② **力学的エネルギーの保存**

運動の過程で，位置エネルギーと運動エネルギーの和は，常に一定に保たれる。

- ふりこの運動と力学的エネルギー…おもりがふれるにしたがって，おもりの位置エネルギーと運動エネルギーは，右の図のように移り変わるが，その和は一定である。

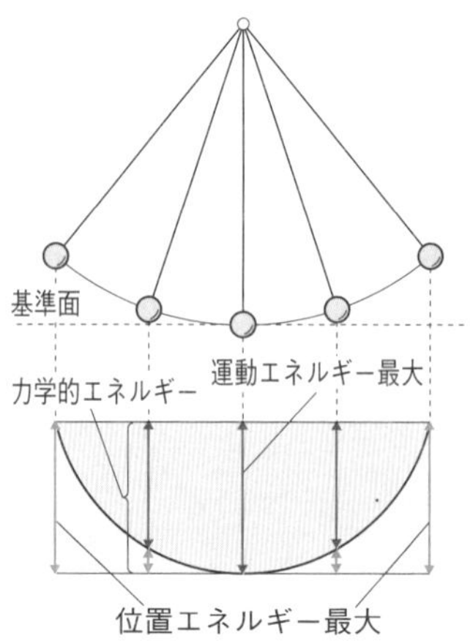

③ **エネルギーの変換と保存**　さまざまなエネルギーはたがいに変換され，それをわたしたちは利用している。エネルギー変換の過程で，摩擦などによって熱や音などの利用目的以外のエネルギーにも変換され，エネルギーが失われたように見えるが，利用目的以外の熱エネルギーなどもふくめると，エネルギー変換の前後で，エネルギーの総量は変わらず，常に一定に保たれる。このことを，エネルギーの保存という。

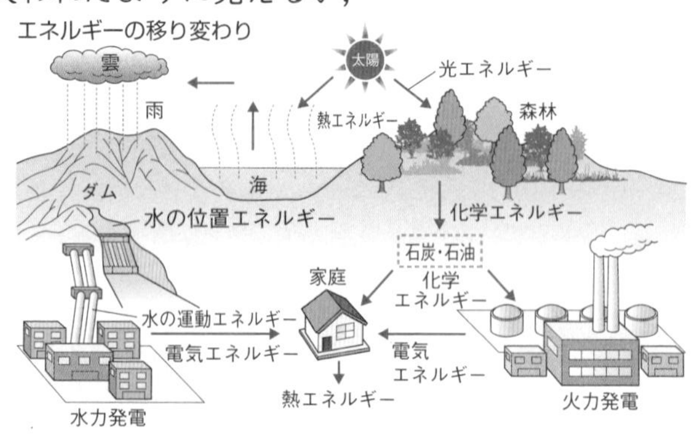

ミスに注意

力学的エネルギーの保存

実際の物体には，摩擦や空気の抵抗がはたらき，力学的エネルギーの一部は，熱や音などの別のエネルギーに変わるため，力学的エネルギーは保存されない。

覚えると得

エネルギーの保存

電気エネルギーを光や音エネルギーに変換するとき，一部，熱エネルギーに変わる。もとの電気エネルギーの量は，光や音エネルギーと，熱エネルギーの和に等しい。

学習日　　月　　日

左の「学習の要点」を見て答えましょう。

③ エネルギーの移り変わりについて，次の問いに答えなさい。 チェック P.60 ❷①，②

(1) 位置エネルギーと運動エネルギーの和を何というか。

〔　　　　　〕

(2) 物体が斜面を下るとき，位置エネルギーや運動エネルギーは，たがいに移り変わるか変わらないか。 〔　　　　　〕

(3) 物体が斜面を下るとき，(1)のエネルギーは変わるか変わらないか。

〔　　　　　〕

(4) 次の文の〔　　〕に「最大」か「0」を入れなさい。

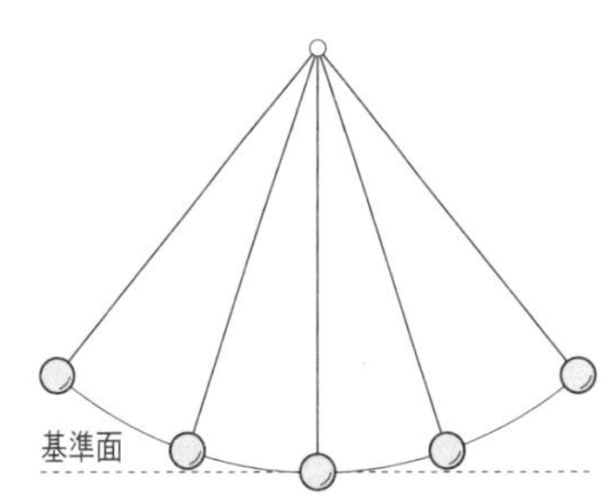

右の図のように，ふりこがふれるとき，おもりが左端(ひだりはし)や右端にくると，おもりのもつ位置エネルギーの大きさは〔①　　　　〕で，このときの運動エネルギーは〔②　　　　〕になる。おもりが中央の最も低いところにくると，おもりのもつ運動エネルギーは〔③　　　　〕で，このときの位置エネルギーは〔④　　　　〕になる。

④ いろいろなエネルギーの移り変わりについて，下の図の〔　　〕にあてはまることばを書きなさい。

チェック P.60 ❷③

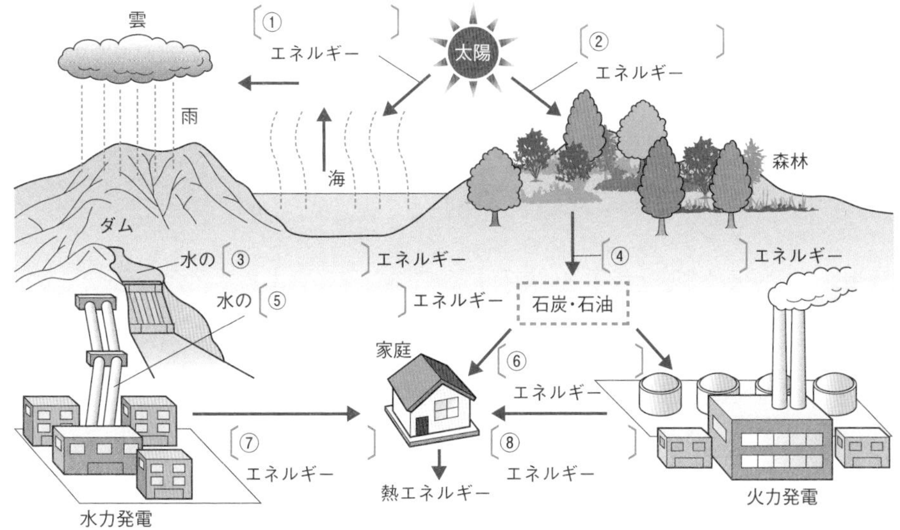

5章 エネルギー

1 右の図のように，鉄球を質量や高さを変えて，くいに落下させ，くいを打ちこんだ。くいが最も深く打ちこまれるものを，ア～エから選び，記号で答えなさい。 チェック P.58 ❶ （6点）

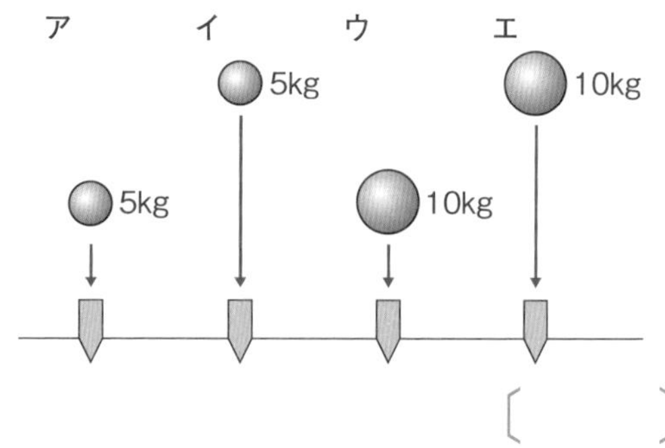

〔　　　〕

2 運動している物体がもつエネルギーを運動エネルギーという。運動エネルギーの大きさについて，次の問いに答えなさい。 チェック P.58 ❶ （各6点×4　24点）

(1) 右の図のように，30 gの鉄球Aを水平面で転がして木片（もくへん）にあてたところ，木片が動いた。次に，10 gの鉄球Bに変えて，同じ速さで木片にあてたところ，木片が動いた。木片の移動した距離（きょり）が長いのは，鉄球A，Bのどちらをあてたときか。

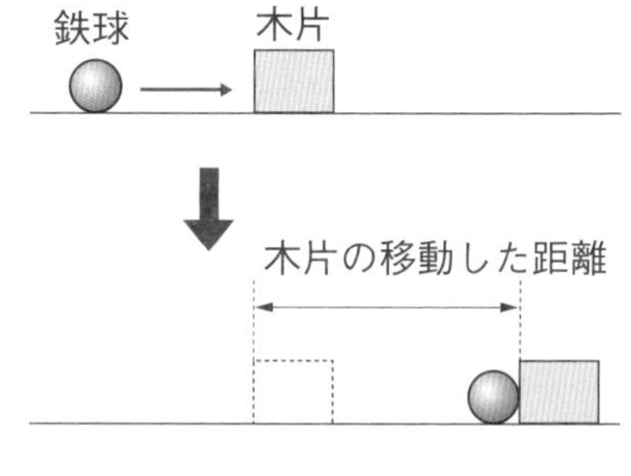

〔　　　〕

(2) (1)のことから，鉄球A，Bのどちらが大きな運動エネルギーをもっているといえるか。 〔　　　〕

(3) 30 gの鉄球C，Dを用いて，鉄球Cは10 cm/sの速さで，鉄球Dは30 cm/sの速さで木片にあてた。このとき，木片の移動した距離が長いのは，鉄球C，Dのどちらをあてたときか。 〔　　　〕

(4) (3)のことから，鉄球C，Dのどちらが大きな運動エネルギーをもっているといえるか。 〔　　　〕

3 右の図のように，斜面（しゃめん）を下る球のもつエネルギーの移り変わりについて，次の問いに答えなさい。 チェック P.60 ❷ （各5点×2　10点）

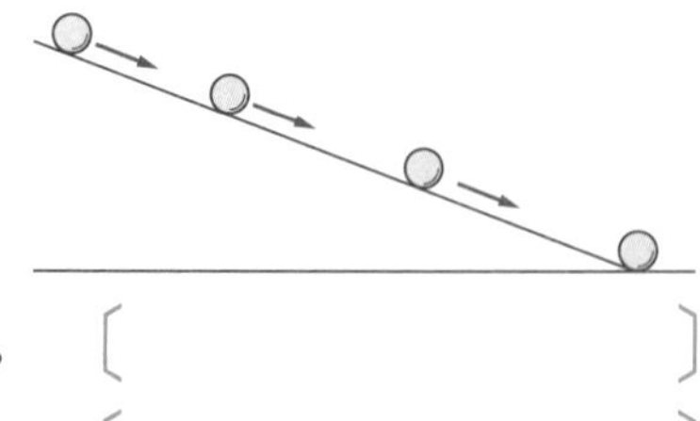

(1) 斜面を下るにつれて大きくなるエネルギーは何か。 〔　　　〕

(2) 斜面を下るにつれて小さくなるエネルギーは何か。 〔　　　〕

学習日　　月　　日　得点　　点

4 右の図のように，カーテンレール上のA点に小球を置き，静かに手をはなしたところ，B，Cと通り，D点まで上がった。次の問いに答えなさい。チェック P.60❷（各6点×5　30点）

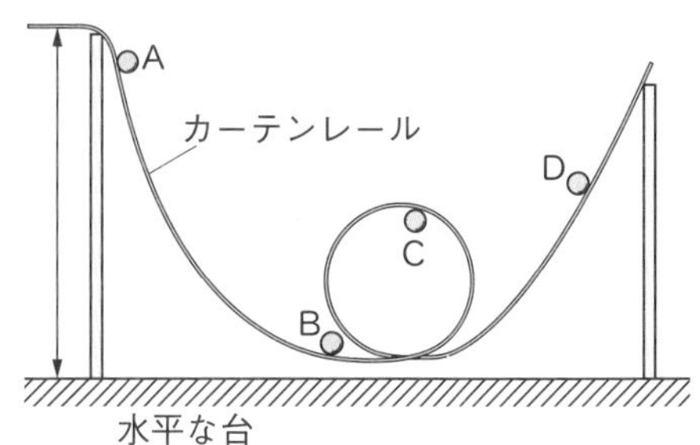

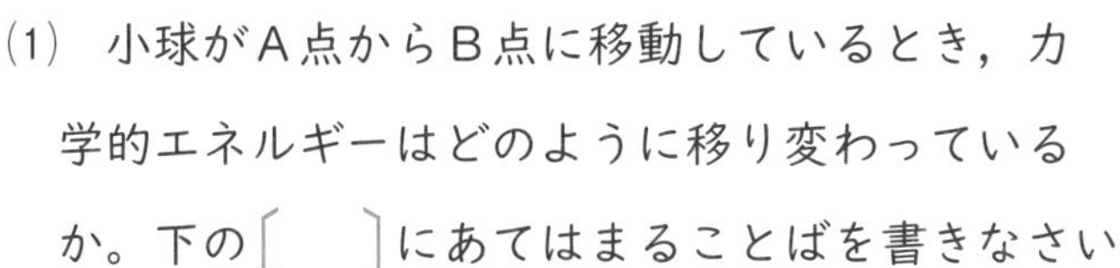

(1)　小球がA点からB点に移動しているとき，力学的エネルギーはどのように移り変わっているか。下の〔　〕にあてはまることばを書きなさい。

〔①　　　　〕→〔②　　　　〕

(2)　小球がD点までしか上がらなかったのは，カーテンレールと小球の間に，ある力がはたらいたからである。その力は何か。〔　　　　〕

(3)　(2)によって，力学的エネルギーの一部は，何エネルギーに変わったか。

〔　　　　〕

(4)　小球がD点でもっている力学的エネルギーと(3)のエネルギーの和と，小球がA点でもっている力学的エネルギーの大きさは同じか，ちがうか。

〔　　　　〕

5 いろいろなエネルギーの移り変わりについて，次の問いに答えなさい。

チェック P.60❷（各6点×5　30点）

(1)　乾電池（かんでんち）にモーターをつなぐと，モーターが回転した。モーターの回転に使われたエネルギーは何か。〔　　　　〕

(2)　(1)のエネルギーは，モーターの回転によって何エネルギーに変わったか。

〔　　　　〕

(3)　乾電池に豆電球をつなぐと，豆電球の明かりがついた。このとき，電気エネルギーは何エネルギーに変わったか。〔　　　　〕

(4)　電源に電熱線をつなぎ，電流を流すと，電熱線が赤くなって熱が発生した。このとき，電気エネルギーは何エネルギーに変わったか。〔　　　　〕

(5)　ステレオを電源につないでスイッチを入れると，スピーカーが振動（しんどう）して音が出た。このとき，電気エネルギーは何エネルギーに変わったか。〔　　　　〕

練習ドリル 5章 エネルギー

1 ふりこの力学的エネルギーの移り変わりについて，次の問いに答えなさい。

（各6点×2　⑫点）

(1)　位置エネルギーが最大で，運動エネルギーが最小の位置は図のＡ～Ｅのどこか。２つ選びなさい。

〔　　　　　〕

(2)　位置エネルギーが０で，運動エネルギーが最大の位置は図のＡ～Ｅのどこか。〔　　　　〕

2 右の図のＡ～Ｄのように，同じ質量の台車を４台用意し，おもりをのせたり，速さを変えたりして，木片（もくへん）にあててみた。おもりはいずれも1つ200ｇである。これについて，次の問いに答えなさい。

（各7点×4　㉘点）

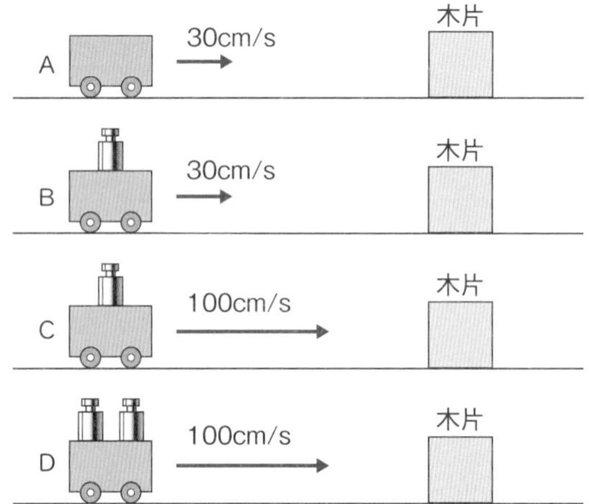

(1)　ＡとＢでは，木片の移動した距離（きょり）が長いのはどちらか。〔　　　　〕

(2)　ＢとＣでは，木片の移動した距離が長いのはどちらか。〔　　　　〕

(3)　(1)，(2)から，運動エネルギーの大きさは，物体の質量や速さと，どのような関係があるといえるか。簡単に答えなさい。

〔　　　　　　　　　　　　　　　　　　　　〕

(4)　Ａ～Ｄのうち，木片の移動した距離が最も長いのはどれか。〔　　　　〕

1 位置エネルギーは，物体の位置が高いほど大きい。ふりこがふれると，位置エネルギーが運動エネルギーに移り変わる。

2 (1)，(2)物体のもつ運動エネルギーが大きいほど，木片をより動かす。 (4)物体の質量が大きく，速さが速いものである。

学習日 月 日 得点 点

3 右の図1，図2の装置について，次の問いに答えなさい。 (各6点×5 30点)

図1 火おこし器

(1) 図1のように，火おこし器を動かし，火をおこした。このとき，何エネルギーが何エネルギーに変わったか。下の〔 〕に書きなさい。

〔① 〕 → 〔② 〕

図2 手回し発電機

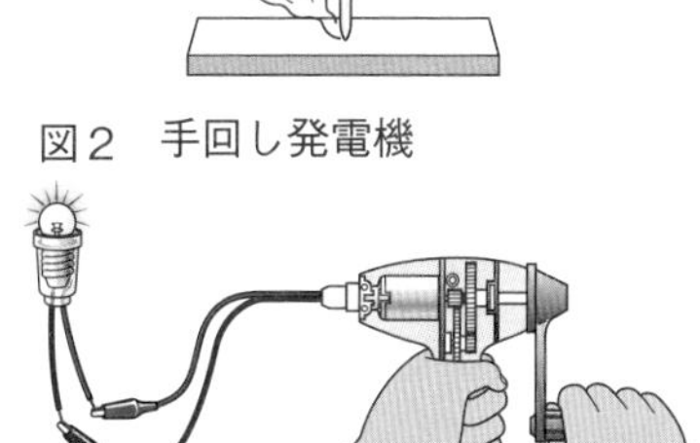

(2) 図2のように，手回し発電機を回して，豆電球に電流を流したところ，豆電球の明かりがついた。このとき，エネルギーはどのように移り変わったか。下の〔 〕に書きなさい。

〔① 〕 → 〔② 〕 → 〔③ 〕

4 右の図は，下の①～④のエネルギーの移り変わりを，模式的に示したものである。A～Eのエネルギーは，それぞれ何か答えなさい。(各6点×5 30点)

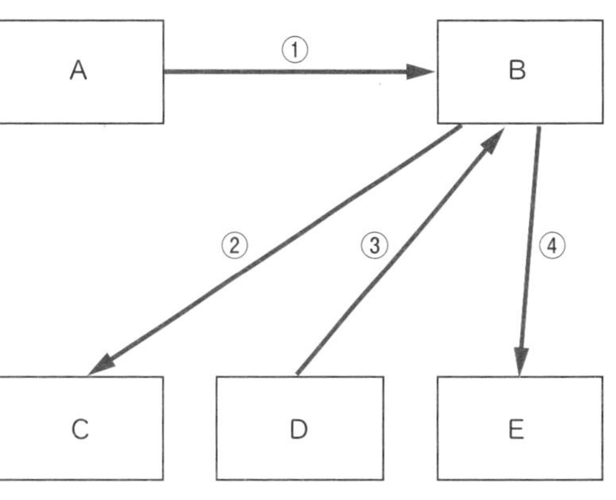

① 手回し発電機を回すと，電流が生じた。

② 電熱線を電源につなぐと，熱が生じた。

③ 太陽電池に光をあてると，回路に電流が流れた。

④ ステレオのスイッチを入れると，スピーカーから音が出た。

A〔 〕 B〔 〕

C〔 〕 D〔 〕 E〔 〕

3 (1)木と木の摩擦(まさつ)によって，熱が生じた。
(2)発電機を回すことで電気が生じ，豆電球が光った。

4 発電機を回して電流が生じたときは運動エネルギーから電気エネルギーに移り変わっている。ほかも同様に考える。

単元2 仕事とエネルギー

発展ドリル 5章 エネルギー

1 右の図のような面上のA点で，小球を静かに転がした。摩擦(まさつ)や空気抵抗(ていこう)がないものとして，次の問いに答えなさい。

(各10点×7 70点)

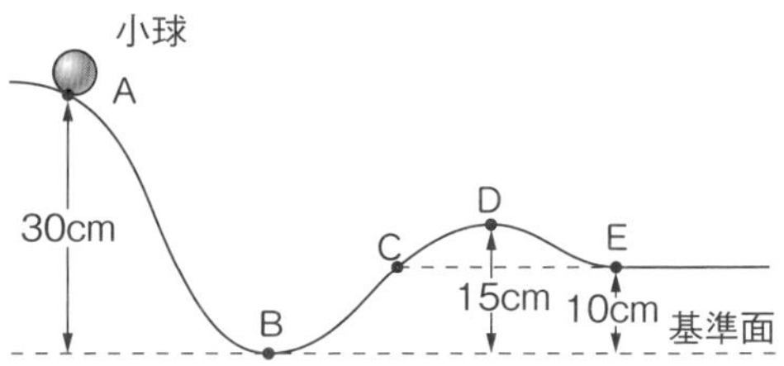

(1) A点からB点へと小球が転がっていくとき，運動エネルギーと位置エネルギーはどうなるか。下の{　}の中から選んで書きなさい。

運動エネルギー〔　　　〕

位置エネルギー〔　　　〕

{ 増加　　不変　　一定　　減少 }

(2) B点からC点へと小球が転がっていくとき，運動エネルギーと位置エネルギーはどうなるか。(1)の{　}の中から選んで書きなさい。

運動エネルギー〔　　　〕

位置エネルギー〔　　　〕

(3) 小球がC点にあるときとD点にあるときの運動エネルギーと位置エネルギーの和はどのような関係にあるか。次のア～ウから選び，記号で答えなさい。〔　　〕

ア　C点のほうが大きい。

イ　D点のほうが大きい。

ウ　C点，D点ともに大きさは同じ。

(4) 運動エネルギーと位置エネルギーの和が，(3)のような関係に保たれることを，何というか。

〔　　　〕

(5) 図のA～E点のうち，小球のもつ運動エネルギーが最大になるのは，どの位置を通るときか。記号で答えなさい。〔　　〕

1 物体が斜面(しゃめん)を下るときは位置エネルギーが運動エネルギーに移り変わり，のぼるときは運動エネルギーが位置エネルギーに移り変わる。この2つのエネルギーはたがいに移り変わって，その和は一定に保たれる。

学習日　月　日　得点　点

2 右の図のように，光電池を用いて，電球の光を電気に変える。その電気でモーターを回転させて，物体をゆっくりと持ち上げた。次の問いに答えなさい。

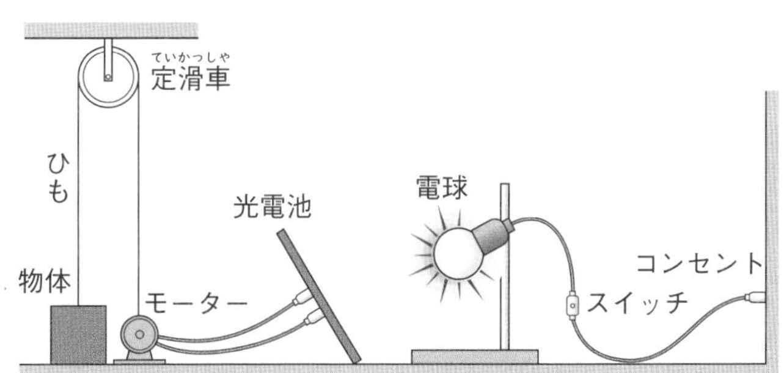

（各6点×5　30点）

(1) 図の電球に電流が流れてから，物体が持ち上がるまでのエネルギーの移り変わりについて，次のようにまとめた。〔　〕にあてはまることばを書きなさい。

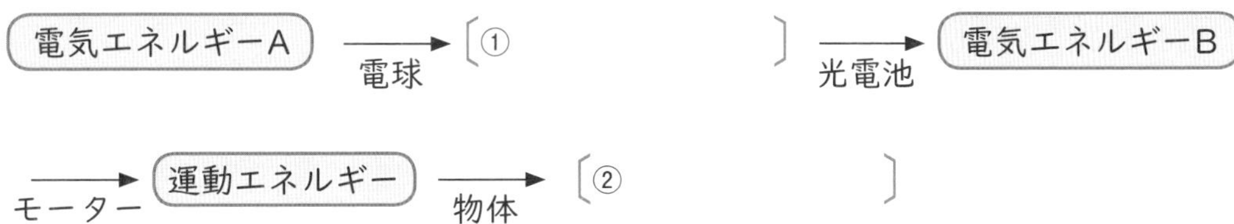

(2) 電球や導線，モーターなどをさわると，熱くなっていた。電球が得た電気エネルギーAは，すべて物体を持ち上げるために使われたといえるか。
〔　〕

(3) 光電池からの電気エネルギーBは，モーターで運動エネルギーのほかに，一部何エネルギーに変わったか。〔　〕

(4) 光電池からの電気エネルギーBと，モーターでの運動エネルギーと(3)のエネルギーの和Cの大きさはどのような関係にあるか。次のア～ウから選び，記号で答えなさい。〔　〕

ア　Bのほうが大きい。　イ　Cのほうが大きい。　ウ　BとCは同じ。

2 (1)電球に電流が流れて電球が光る。この光が光電池によって電気エネルギーに変わり，モーターを運動させ，物体を高いところに持ち上げる。(3)，(4)このエネルギーの変換（へんかん）では一部熱エネルギーとなったが，総和は変わらない。

まとめのドリル

単元2

仕事とエネルギー

❶ 右の図A，Bのように，それぞれの物体をそれぞれの高さまで上げるときの仕事について，次の問いに答えなさい。ただし，100 gの物体にはたらく重力の大きさを1Nとする。

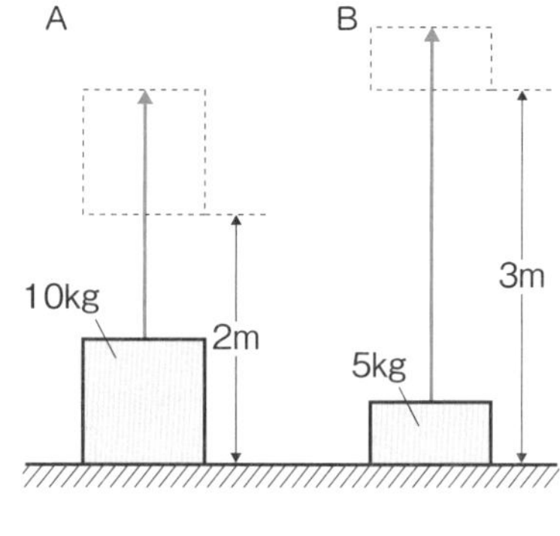

（各6点×3　18点）

(1)　Aの物体を引き上げるのに必要な力は何Nか。 〔　　　　〕

(2)　Aの10kgの物体を2m引き上げたときの仕事は何Jか。 〔　　　　〕

(3)　Bの5kgの物体を3m引き上げたときの仕事は何Jか。 〔　　　　〕

❷ 右の図のA～Cの方法で，10kgの物体を3mの高さに引き上げた。次の問いに答えなさい。ただし，滑車(かっしゃ)やひもの質量，摩擦(まさつ)は考えないものとし，100 gの物体にはたらく重力の大きさを1Nとする。

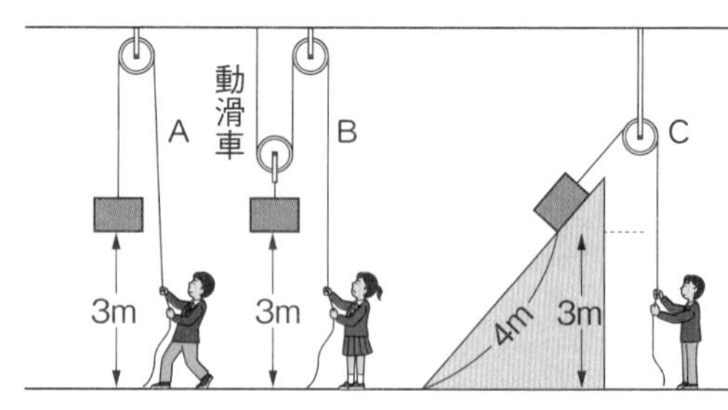

（各6点×5　30点）

(1)　Aで，物体を引き上げたときの仕事は何Jか。 〔　　　　〕

(2)　Bで，ひもを引いた距離(きょり)は何mか。 〔　　　　〕

(3)　Bで，物体を引き上げたときの仕事は何Jか。 〔　　　　〕

(4)　Cで，物体を引き上げたときの仕事は何Jか。 〔　　　　〕

(5)　A～Cのように，道具を使って仕事をしても，直接手で持ち上げて仕事をしても，仕事の大きさが変わらないことを何というか。

〔　　　　〕

❶ 仕事＝（引き上げる力）×（引き上げる高さ）で，単位はジュール〔J〕を用いる。

❷ (2)動滑車を使うと，加える力は半分になるが，ひもを引く距離は2倍になる。

学習日　月　日　得点　点

3 エネルギーの移り変わりについて，右の図の矢印にあてはまる具体例を，□から選んで答えなさい。

（各4点×8　32点）

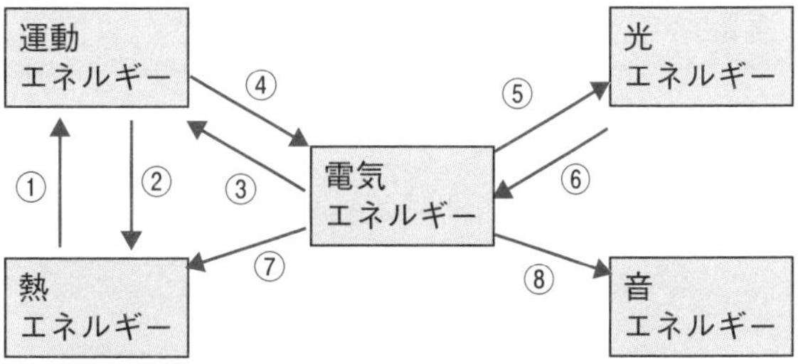

運動エネルギー　④→　電気エネルギー　⑤→　光エネルギー

熱エネルギー　①→　運動エネルギー

運動エネルギー　②→　熱エネルギー

電気エネルギー　③→　運動エネルギー

光エネルギー　⑥→　電気エネルギー

電気エネルギー　⑦→　熱エネルギー

電気エネルギー　⑧→　音エネルギー

①〔　　　〕　②〔　　　〕

③〔　　　〕　④〔　　　〕

⑤〔　　　〕　⑥〔　　　〕

⑦〔　　　〕　⑧〔　　　〕

電熱器　光電池　電灯　スピーカー 手回し発電機　火おこし器　モーター 蒸気機関

4 図1のように，水平な机の上の木片(もくへん)をばねばかりで引き，一定の速さで移動させた。次の問いに答えなさい。ただし，100gの物体にはたらく重力の大きさを1Nとする。（各5点×4　20点）

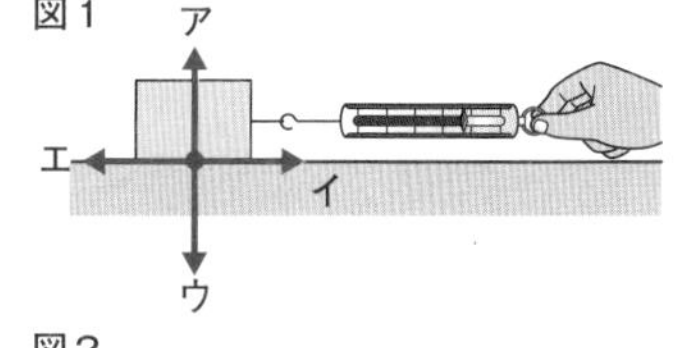

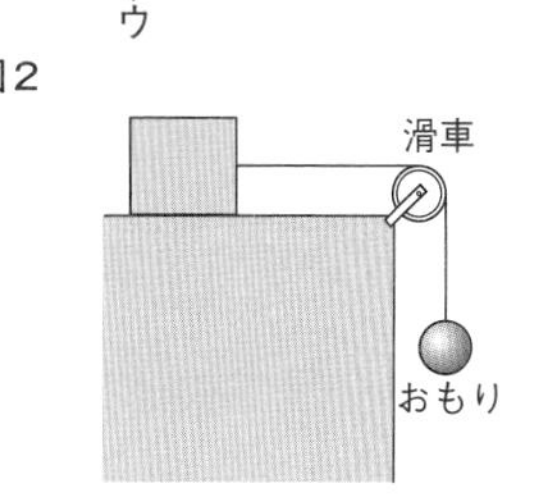

(1) 木片にはたらく摩擦力の向きを表した矢印を，図1のア～エから選び，記号で答えなさい。〔　　　〕

(2) ばねばかりの目盛りの値は1Nで一定のまま，木片を40cm移動させた。そのときの仕事は何Jか。〔　　　〕

(3) 図2のように，木片をばねばかりで引くかわりに，机の端(はし)にとりつけた滑車を使って，100gのおもりをつけた糸で引いた。木片は一定の速さで70cm移動するのに，2秒かかった。おもりが木片にした仕事率は何Wか。〔　　　〕

(4) (3)で木片が移動しているとき，おもりの位置エネルギーの大きさはどうなっていくか。

〔　　　〕

3 それぞれの器具は何によって動き，何を生みだすかを考える。火おこし器は，木と木をこすり合わせるものである。

4 (1)摩擦力は，運動の向きと反対の向きになる。
(3)木片にはたらく摩擦力は1Nである。

定期テスト対策問題(3)

1 水平面上に置かれた物体を，40Nの大きさの力で，その面の上で動かし，1秒間に50回打点する記録タイマーを使って，そのときの運動のようすを，記録テープに記録した。その記録テープには，図に示すような等間隔の打点が記録されていた。図の打点ＡＢ間について，次の問いに答えなさい。

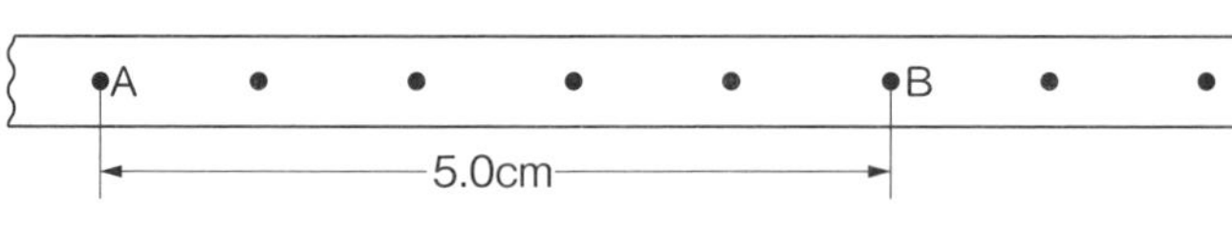

（各８点×３　24点）

(1)　この物体は，何m/sの速さで動いたか。　〔　　　　〕

(2)　ＡＢ間で，加えた力が物体にした仕事は何Ｊか。　〔　　　　〕

(3)　(2)のときの仕事率は何Wか。　〔　　　　〕

2 下の実験Ⅰ，Ⅱを行った。次の問いに答えなさい。ただし，滑車や記録タイマーの摩擦は考えないものとし，100ｇの物体にはたらく重力の大きさを１Ｎとする。

（各９点×４　36点）

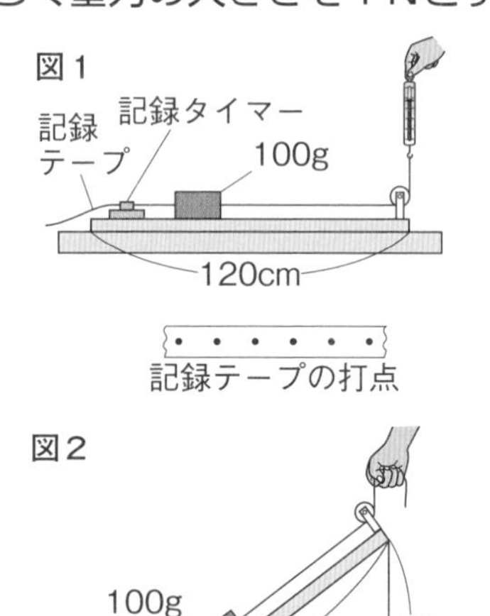

〈実験Ⅰ〉　図１のように，長さ120㎝の板の上に100ｇの物体をのせ，糸を鉛直上向きに50㎝引き上げた。引き上げている間，物体は直線上を運動しており，ばねばかりが引く力は0.5Ｎであった。物体に記録テープをつけ，運動のようすを調べると，記録テープに記録された打点は等間隔に並んでいた。

〈実験Ⅱ〉　図２のように，なめらかで摩擦のない長さ100㎝の板を傾け，100ｇの物体につけた糸を鉛直上向きに50㎝引き，この物体を斜面にそって引き上げた。引き上げるのに要した時間は２秒だった。

(1)　実験Ⅰについて，次の〔　　〕にあてはまることばを書きなさい。

記録テープの打点のようすと運動の方向から考えて，この物体の運動は，

〔　　　　　　　　〕運動である。

(2) 実験Ⅰで，物体を引く力がした仕事は何Jか。〔　　　　〕

(3) 実験Ⅱで，物体につけた糸を50㎝引いたとき，物体は鉛直方向には何㎝引き上げられたことになるか。〔　　　　〕

(4) 実験Ⅱで，物体を引き上げたときの仕事率は何Wか。〔　　　　〕

3 糸の一端（いったん）をO点に固定し，他端におもりをつるしてふりこをつくり，左右に周期的な往復運動をさせた。おもりが左端にあるときの位置をA点，O点の真下にあるときの位置をB点，右端にあるときの位置をC点とする。次の問いに答えなさい。

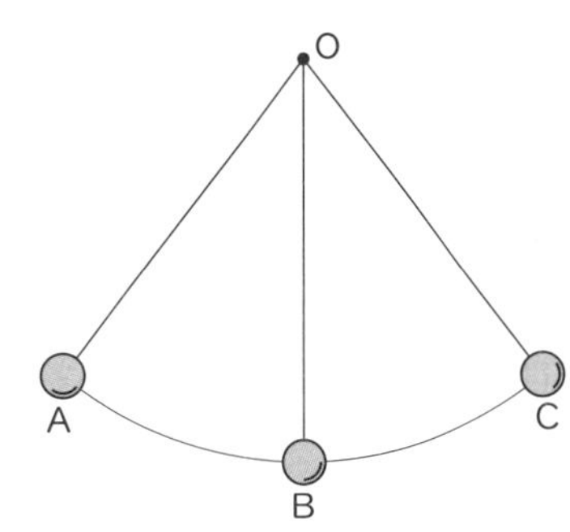

（各8点×5　40点）

(1) 図において，B点を通る水平面を基準面とすると，A点とC点は同じ高さであった。おもりがA点からC点まで移動する間の，おもりの位置エネルギーの変化のようすを示しているものを，次のア～エから選び，記号で答えなさい。〔　　〕

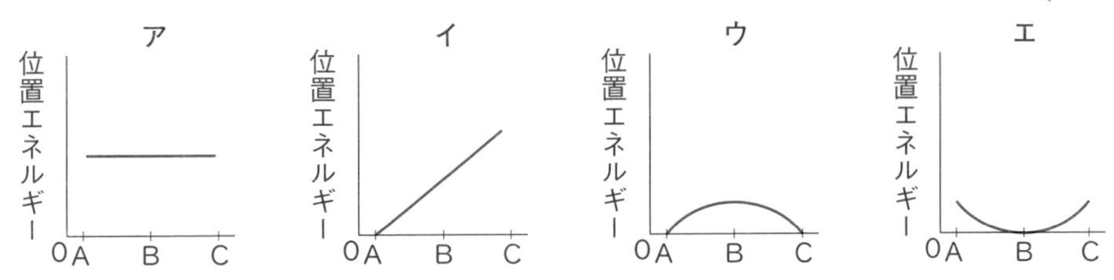

(2) エネルギーについて述べた次の文の〔　〕にあてはまることばを書きなさい。ただし，②，③には「減少」「増加」のどちらかのことばを書きなさい。

力学的エネルギーは，位置エネルギーと〔①　　　　〕を合わせたエネルギーである。おもりがA点からC点まで移動する間の①は，おもりがB点に近づくとともに〔②　　　　〕し，B点を通り過ぎると〔③　　　　〕していく。

(3) A点からC点まで移動する間のおもりの力学的エネルギーの変化について，簡単に答えなさい。

〔　　　　　　　　　　〕

定期テスト対策問題(4)

1 図1のように，1kgの台車を，記録タイマーをはたらかせながら，水平面上でまっすぐ走らせて，本にはさんだものさしにあて，ものさしが打ちこまれる長さをはかった。図2のA，Bは，台車の速さを変えて測定したときの記録テープである。次の問いに答えなさい。ただし，記録タイマーは1秒間に60回打点するものとし，摩擦(まさつ)や空気抵抗(ていこう)は考えないものとする。

図1

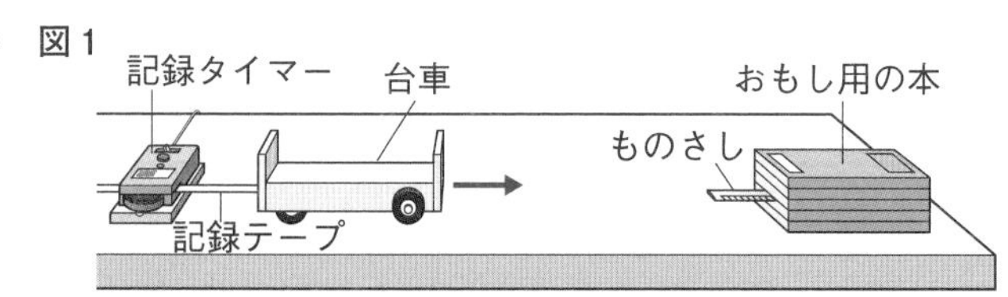

図2

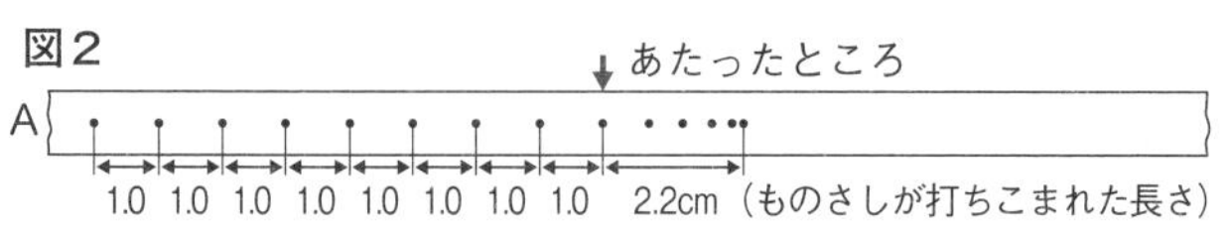

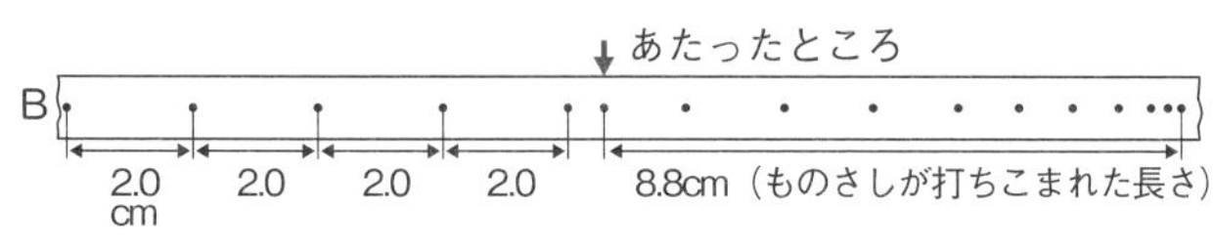

（各10点×5　50点）

(1) 図2のAのとき，台車がものさしにあたる直前の速さは，何cm/sか。

〔　　　　〕

(2) 図2のBのとき，台車がものさしにした仕事は何Jか。ただし，ものさしを打ちこむときの摩擦力(まさつりょく)は8Nで，常に変わらないものとする。

〔　　　　〕

(3) AとBで，台車の速さが速いのは，どちらか。

〔　　　　〕

(4) AとBで，ものさしが打ちこまれた長さに差が出たのは，台車の速さが速くなるとどうなるからか。

〔　　　　　　　　　　　　〕

(5) Aと同じ速さで台車を動かして，ものさしをBのように長く打ちこむにはどうしたらよいか。

〔　　　　　　　　　　　　〕

2 下の実験について，次の問いに答えなさい。ただし，100gの物体にはたらく重力の大きさを1Nとする。 (各10点×5　50点)

〔実験〕 力と仕事について，❶～❹の実験を行った。ただし，滑車(かっしゃ)やばね，ひもの質量，および摩擦は考えないものとする。

❶長さ20cmのばねに球をつるし，球の質量とばねの長さの関係を調べたところ，図1のグラフが得られた。

❷図2のように，このばねに60gの球をつるし，まっすぐ上に，40cmの高さまでゆっくりと引き上げた。

❸図3のように，このばねに60gの球をつるし，球を斜面上のA点からB点まで，斜面にそってゆっくりと80cm引き上げた。このとき球は，垂直方向には40cm上がり，ばねの長さは一定であった。

❹図4のように，滑車とひもとばねを使った装置に球をつるし，まっすぐ上にゆっくりと，5秒間引き上げた。このとき球は，垂直方向には20cm上がり，ばねの長さは23cmであった。

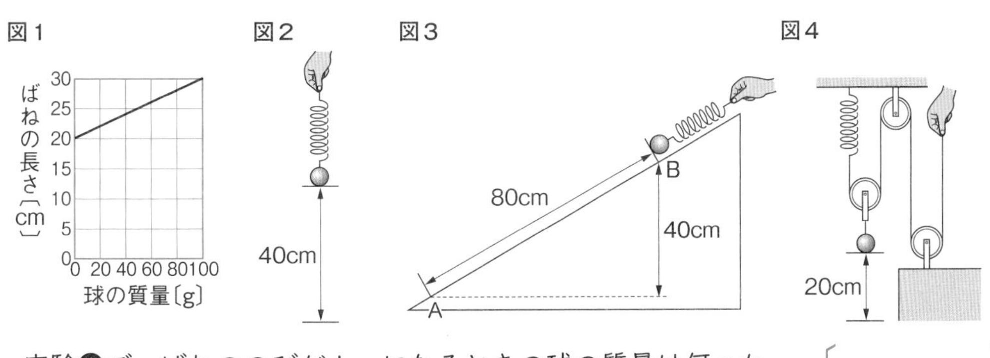

(1) 実験❶で，ばねののびが1cmになるときの球の質量は何gか。 〔　　　〕

(2) 実験❷で，球に対して引き上げた力がした仕事は何Jか。 〔　　　〕

(3) 実験❸で，球を引く力の大きさは何Nか。 〔　　　〕

(4) 実験❸で，球を引き上げているときのばねの長さは何cmか。 〔　　　〕

(5) 実験❹で，球を引き上げたときの仕事率は何Wか。 〔　　　〕

復習 中2までに学習した「水溶液」「化学変化」

1 水溶液

① **水溶液**

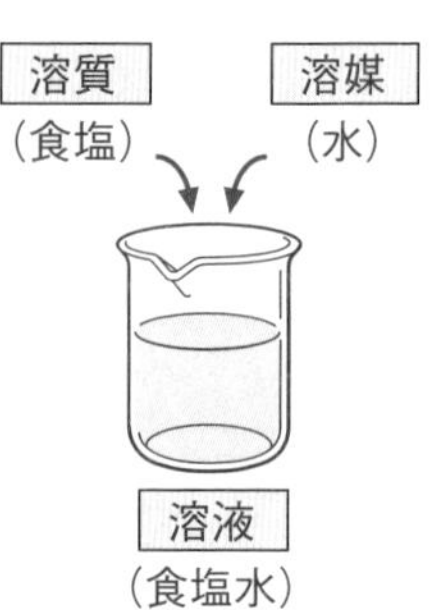

- **溶質**…水などの液体にとけている物質。
- **溶媒**…溶質をとかしている液体。
- **溶液**…溶質が溶媒にとけた液。溶媒が水の場合を，とくに水溶液という。

② **水溶液の特徴**

・透明である。

・放置しても，溶質は沈んでこない。

・どこも濃さは同じである。

2 化学変化

① **分解**　1種類の物質が2種類以上の別の物質に分かれる化学変化。

② **水の電気分解**　水に電流を流すと，水は分解されて**陰極に水素**，**陽極に酸素**が発生する。

例　水 ⟶ 酸素 ＋ 水素　　$2H_2O \longrightarrow 2H_2 + O_2$

③ **酸化**　物質が酸素と結びつく化学変化。

例　銅 ＋ 酸素 ⟶ 酸化銅　　$2Cu + O_2 \longrightarrow 2CuO$

④ **酸化物**　酸化によってできた物質。 例 酸化鉄，酸化銅

⑤ **燃焼**　激しく熱や光を出して酸化すること。

⑥ **還元**　酸化物から酸素がうばわれる化学変化。

⑦ **酸化と還元の関係**　たがいに逆の変化で，1つの化学変化の中で同時に起こる。

・酸化銅の炭素による還元：$2CuO + C \longrightarrow 2Cu + CO_2$

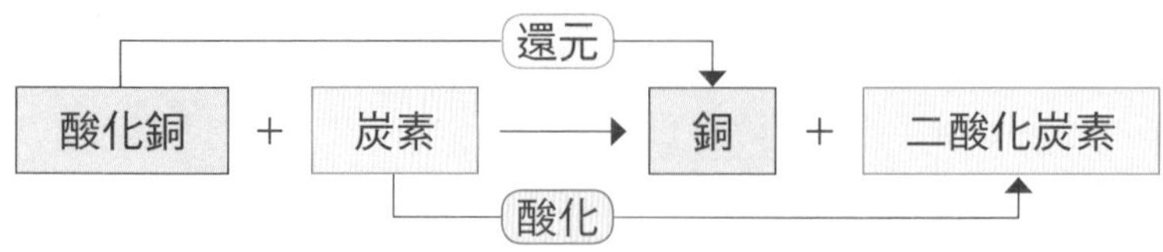

復習ドリル

1 砂糖水や硫酸銅(りゅうさんどう)の水溶液の性質について，次の問いに答えなさい。

(1) 砂糖水の場合，溶質，溶媒はそれぞれ何か。

溶質〔　　　　〕

溶媒〔　　　　〕

(2) 右の図のように，硫酸銅を水の入ったビーカーの中に入れ，よくかき混ぜて完全にとかした。このとき，液の上と下の濃さは同じか。

〔　　　　〕

(3) (2)の水溶液を，さらに2週間放置すると，青色が濃くなる部分ができるか。〔　　　　〕

(4) (2)でできた硫酸銅水溶液は透明か，にごっているか。

〔　　　　〕

2 右の図は，水の電気分解のようすを表したものである。次の問いに答えなさい。

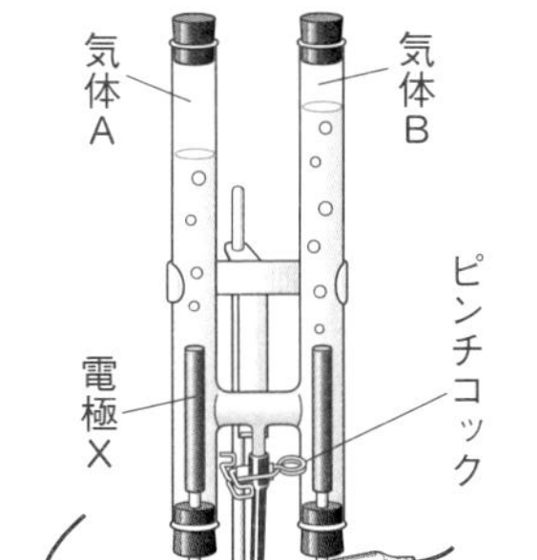

(1) 水に電流が流れやすくなるように加える物質は何か。

〔　　　　〕

(2) 気体Aに火のついたマッチを近づけると，ポッと音をたてて気体が燃えた。この気体は何か。また，電極Xは陽極，陰極のどちらか。

気体名〔　　　　〕　電極X〔　　　　〕

(3) 気体Bに火のついた線香(せんこう)を近づけると，線香が炎(ほのお)を上げて燃えた。この気体は何か。〔　　　　〕

思い出そう

◀物質が全体に均一に広がると，どの部分の濃さも同じになり，時間がたっても，その状態に変化はない。

◀水酸化ナトリウムは，水に電流を流しやすくする（純粋(じゅんすい)な水は電流が流れにくい）。

◀陰極から水素が発生し，陽極からは酸素が発生する。

6章 水溶液とイオン－1

❶ 電解質と非電解質

① **電流が流れる水溶液と流れない水溶液**　固体のままでは電流が流れない物質でも，水溶液にすると電流が流れるものがある。

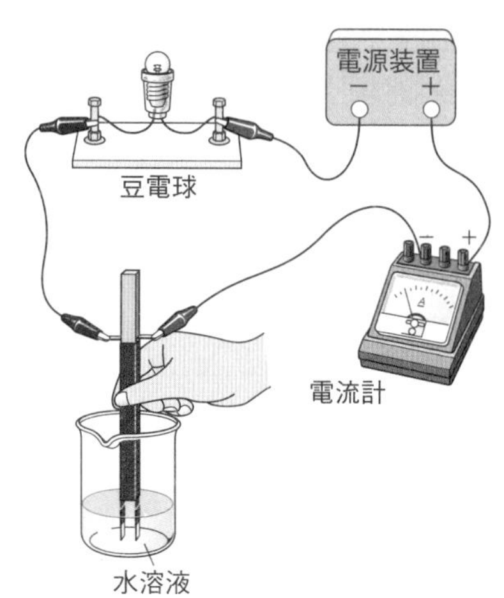

- **電流が流れる水溶液**…塩化ナトリウム，塩化銅，水酸化ナトリウム，塩化水素などの水溶液。
- **電流が流れない水溶液**…砂糖水，エタノールの水溶液など。

② **電解質と非電解質**　水にとかしたとき，その物質によって電流が流れるものと流れないものがある。

- **電解質**…水溶液にすると電流が流れる物質。
  例 塩化ナトリウム，塩化銅，水酸化ナトリウムなど。
- **非電解質**…水溶液にしても電流が流れない物質。
  例 砂糖，エタノールなど。

✦覚えると得✦

水道水と精製水
水道水には，不純物が入っているために，電流が流れることがある。
精製水（純粋な水，蒸留水ともいう）は，電流が流れない。

同位体
多くの元素では，同じ元素でも中性子の数が異なる原子が存在する。このような関係にある原子を，たがいに同位体という。

❷ 原子の成り立ち

① **原子の成り立ち**　原子は，原子の中心にある**原子核**と，そのまわりにある**電子**からできている。

- **原子核**…＋の電気をもつ。＋の電気をもつ**陽子**と，電気をもたない**中性子**からできている。

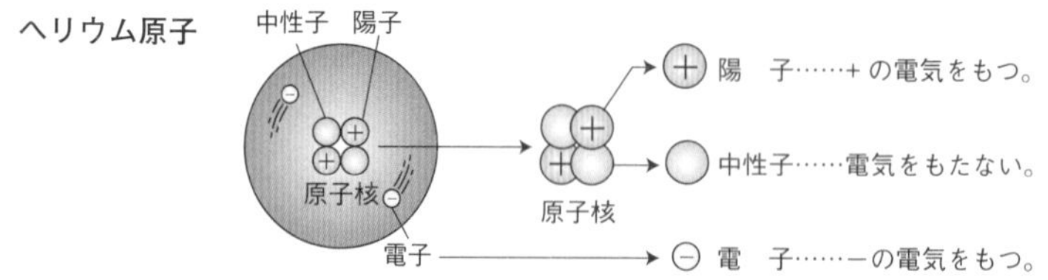

! ミスに注意

原子は，ふくまれる陽子と電子の数が同じなので，電気的に中性である。イオンになると電子を受けとったり，失ったりするので，－の電気を帯びたり，＋の電気を帯びたりする。

基本チェック

左の「学習の要点」を見て答えましょう。

学習日　　月　　日

① 右の図のような装置を使って，水溶液に電流が流れるかを調べた。次の問いに答えなさい。

チェック P.76 ❶

(1) 次の物質の水溶液で，電流が流れるものには○，流れないものには×を書きなさい。

① 水酸化ナトリウム 〔　　〕

② エタノール 〔　　〕

③ 塩化水素 〔　　〕

④ 塩化ナトリウム 〔　　〕

⑤ 塩化銅 〔　　〕

⑥ 砂糖 〔　　〕

(2) 水溶液にすると電流が流れる物質を何というか。 〔　　〕

(3) 水溶液にしても電流が流れない物質を何というか。 〔　　〕

② 原子について，次の問いに答えなさい。

チェック P.76 ❷

(1) 次の文の〔　〕にあてはまることばを書きなさい。

- 原子は，原子の中心にある〔①　　〕と，そのまわりにある〔②　　〕からできている。
- 原子核は〔③　　〕の電気をもつ。＋の電気をもつ〔④　　〕と，電気をもたない〔⑤　　〕からできている。

(2) 次の図は，ヘリウム原子と原子核の構造を表したものである。〔　〕にあてはまることばを書きなさい。

(3) 同じ元素でも中性子の数が異なる原子を，たがいに何というか。

〔　　〕

6章 水溶液とイオン－2

③ イオンのでき方

① **イオン**　原子や原子の集まりが電気を帯びたもの。

- **陽イオン**…原子が電子を失って，＋の電気を帯びたもの。
- **陰イオン**…原子が電子を受けとって，－の電気を帯びたもの。
  └原子の集まりの場合が多い。

陽イオン		陰イオン	
水素イオン	H^+	塩化物イオン	Cl^-
ナトリウムイオン	Na^+	水酸化物イオン	OH^-
カリウムイオン	K^+	硫酸イオン	SO_4^{2-}
バリウムイオン	Ba^{2+}	硝酸イオン	NO_3^-

元素記号の右上に＋と小さく書く。　元素記号の右上に－と小さく書く。

例 塩酸の場合

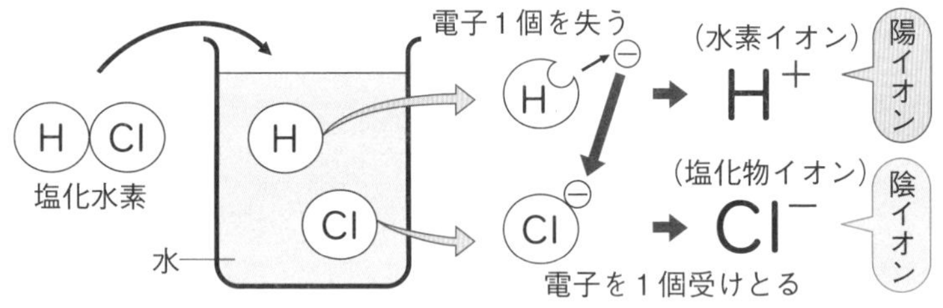

④ 水溶液中のイオン

① **電離**　物質が水にとけて陽イオンと陰イオンに分かれること。
└電解質

- **電解質の水溶液**…水にとかすと電離して，水溶液中ではイオンで存在するため，電流が流れる。
- **非電解質の水溶液**…水にとかしても電離せず，水溶液中では分子のまま存在するため，電流は流れない。

② **電離の式**　電解質の電離を，陽イオンと陰イオンで表す。

- 塩化水素　$HCl \longrightarrow H^+ + Cl^-$（水素イオン，塩化物イオン）
- 塩化ナトリウム　$NaCl \longrightarrow Na^+ + Cl^-$（ナトリウムイオン，塩化物イオン）
- 水酸化ナトリウム　$NaOH \longrightarrow Na^+ + OH^-$（ナトリウムイオン，水酸化物イオン）

覚えると得

イオンの化学式
失ったり受けとったりした電子の数が2個以上のとき，＋や－の記号の前にその数字を書く。電子の数が1個の場合は，1を省略する。

価数
原子がイオンになるときに，やりとりする電子の数。例えば，電子を1個失ってできたイオンを1価の陽イオン，電子を1個受けとってできたイオンを1価の陰イオンという。

水にとけるようす

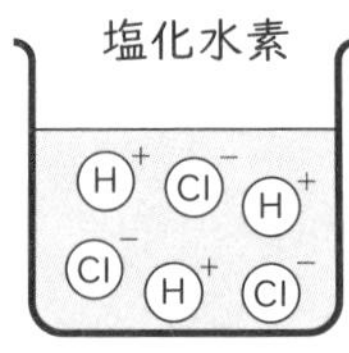

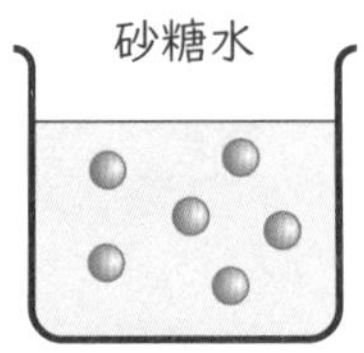

基本チェック

左の「学習の要点」を見て答えましょう。

学習日 月 日

3 イオンのでき方について，次の問いに答えなさい。

チェック P.78③

(1) 原子や原子の集まりが電気を帯びたものを何というか。〔 〕

(2) 原子が電子を失うと，全体では＋，－のどちらの電気を帯びるか。〔 〕

(3) 原子が(2)の電気を帯びたものを何というか。〔 〕

(4) 原子が電子を受けとると，全体では＋，－のどちらの電気を帯びるか。〔 〕

(5) 原子が(4)の電気を帯びたものを何というか。〔 〕

(6) 次のイオンの化学式を書きなさい。

① 水素イオン〔 〕 ② 水酸化物イオン〔 〕

4 水溶液中のイオンについて，次の問いに答えなさい。

チェック P.78④

(1) 物質が水にとけて，陽イオンと陰イオンに分かれることを何というか。〔 〕

(2) 水にとかすと電離して，水溶液中ではイオンで存在する物質を何というか。〔 〕

(3) 水にとかしても電離せず，水溶液中では分子のまま存在する物質を何というか。〔 〕

(4) 右の図のA，Bで，電解質の水溶液を表しているのはどちらか。記号で答えなさい。〔 〕

A B

(5) 次の電離の式の〔 〕にあてはまる化学式やイオンの名称（めいしょう）を書きなさい。

・塩化水素 HCl ⟶ 〔①　〕 ＋ Cl^{-}

水素イオン　〔②　〕イオン

・水酸化ナトリウム NaOH ⟶ Na^{+} ＋ 〔③　〕

〔④　〕イオン　水酸化物イオン

基本ドリル

6章 水溶液とイオン

（すいようえき）

1 図１，図2は，固体の物質と，それを水溶液にしたときの電流の流れ方を実験した結果を示したものである。次の問いに答えなさい。

チェック P.76❶ (各3点×4　⑫点)

図1

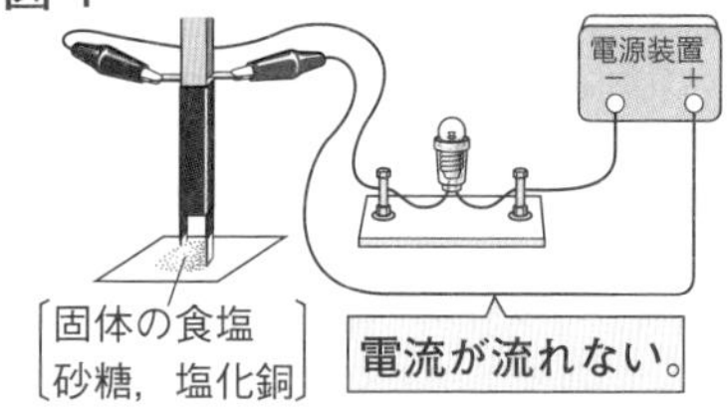

図2

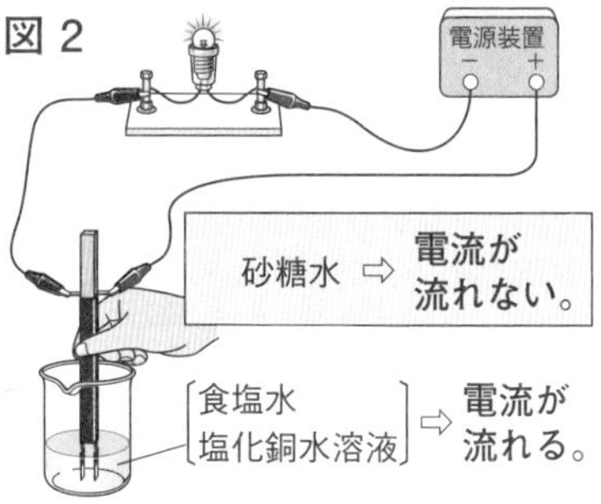

(1) 食塩は，固体のときと水溶液にしたときのどちらのときに電流が流れるか。〔　　　　〕

(2) 砂糖を水にとかしたとき，電流は流れるか。〔　　　　〕

(3) 食塩や塩化銅は，電解質か非電解質か。〔　　　　〕

(4) 砂糖は，電解質か非電解質か。〔　　　　〕

2 原子のつくりについて，次の問いに答えなさい。

チェック P.76❷ (各5点×5　㉕点)

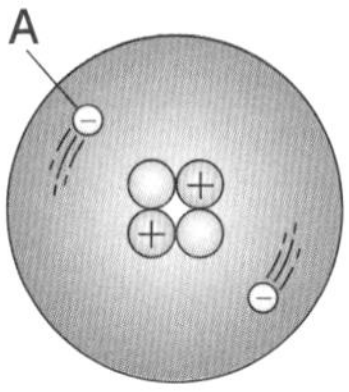

(1) 原子のつくりで，中心にあるものは何か。〔　　　　〕

(2) (1)のまわりにあるAは何か。〔　　　　〕

(3) (2)は，＋の電気と－の電気のどちらをもっているか。〔　　　　〕

(4) (1)をつくるもののうち，＋の電気をもっているものは何か。〔　　　　〕

(5) (1)をつくるもののうち，電気をもたないものは何か。〔　　　　〕

3 下の例のように，イオンを表すときは，元素記号の右上に＋や－を小さく書く。次の(1)～(7)のイオンを，例にならって表しなさい。 (各3点×7　㉑点)

チェック P.78❸

例 H^{+} (1価の陽イオン)　NO_3^{-} (1価の陰イオン)　(原子の集まりのときも，＋や－の記号を右上に書く。2価は，$^{2+}$，$^{2-}$と書く。)

(1) ナトリウムイオン(1価の陽イオン)　Na ⟶〔　　　　〕

(2) カリウムイオン(1価の陽イオン)　K ⟶〔　　　　〕

学習日	得点
月　日	点

(3) バリウムイオン(2価の陽イオン)　Ba → [　　]

(4) 銅イオン(2価の陽イオン)　Cu → [　　]

(5) 塩化物イオン(1価の陰イオン)　Cl → [　　]

(6) 水酸化物イオン(1価の陰イオン)　OH → [　　]

(7) 硫酸イオン(2価の陰イオン)　SO_4 → [　　]

4 水素原子，塩素原子，銅原子がイオンになるときの，イオンの名称と化学式を書きなさい。

チェック P.78❸ (各5点×6　30点)

(1) 水素原子

H ⇨ H（電子を1個失う）⇨ 名称[　　] 化学式[　　]

(2) 塩素原子

Cl ⇨ Cl（電子を1個受けとる）⇨ 名称[　　] 化学式[　　]

(3) 銅原子

Cu ⇨ Cu（電子を2個失う）⇨ 名称[　　] 化学式[　　]

5 右の図は，電解質が水にとけたときのようすを説明したものである。次の問いに答えなさい。 チェック P.78❹ (各4点×3　12点)

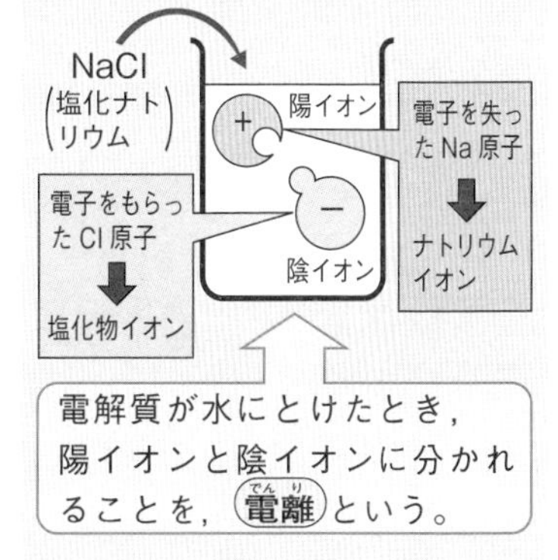

(1) 塩化ナトリウム(食塩)を水にとかすと，陽イオンと陰イオンに分かれる。このことを何というか。

[　　]

(2) 塩化ナトリウムは水にとけると，

NaCl ⟶ ⊕ + ⊖ とイオンに分かれる。それぞれのイオンの化学式を書きなさい。

⊕[　　]　⊖[　　]

6章 水溶液とイオン

1 右の表は，水溶液に電流が流れるかどうかを調べた結果をまとめたものである。次の問いに答えなさい。 (各２点×４　**8**点)

水溶液	電流
砂糖水	流れない
塩化ナトリウム水溶液	流れる
塩化銅水溶液	流れる
硫酸銅水溶液	流れる
エタノールの水溶液	①
うすい塩酸	②

⑴ 塩化ナトリウムのように，水溶液にすると電流が流れる物質を何というか。 〔　　　　〕

⑵ 水溶液にしても，電流が流れない物質を何というか。 〔　　　　〕

⑶ 表の①，②にあてはまることばを書きなさい。 ①〔　　　　〕 ②〔　　　　〕

2 原子のつくりについて，次の問いに答えなさい。 (各４点×８　**32**点)

⑴ 原子について，次の文の〔　〕にあてはまることばを書きなさい。

・原子は，＋の電気をもつ〔①　　　　〕と－の電気をもつ〔②　　　　〕からできている。

・原子核は，＋の電気をもつ〔③　　　　〕と電気をもたない〔④　　　　〕からできている。

・原子の中の〔⑤　　　　〕の数と〔⑥　　　　〕の数が等しいので，原子全体として電気的に中性である。

⑵ 右のA，Bは，何の原子の構造を表しているか。下の｛　｝の中から選んで書きなさい。

A
電子
原子核

B
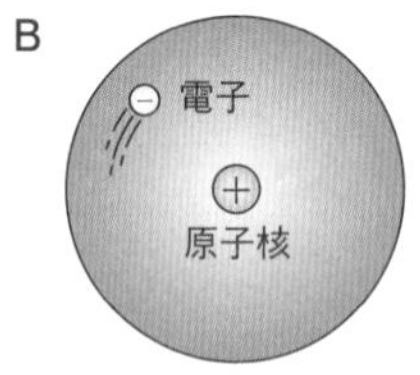

A〔　　　　〕
B〔　　　　〕

｛ 水素原子　酸素原子　ヘリウム原子　マグネシウム原子 ｝

1 ⑶エタノールは非電解質である。塩化水素の水溶液を塩酸という。

2 ⑴原子核は原子の中心にあり，原子核のまわりに，－の電気をもつ電子がある。

学習日　月　日　得点　点

3 右の図を見て，次の問いに答えなさい。　(各６点×５　30点)

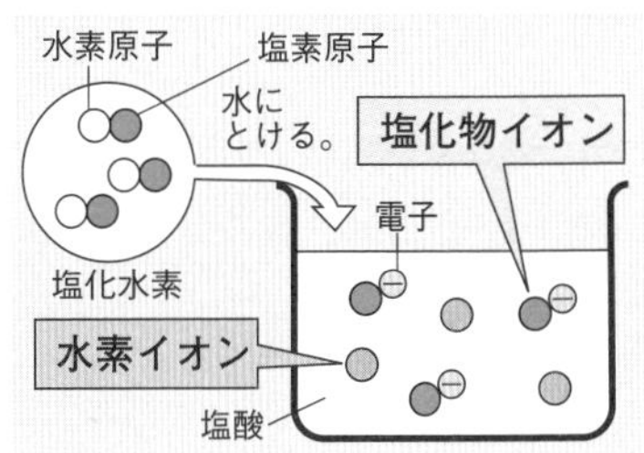

(1) 塩酸は，何という気体が水にとけた水溶液か。

〔　　　　〕

(2) 水素イオンは，＋と－のどちらの電気を帯びているか。

〔　　　　〕

(3) 電子を受けとったのは，水素原子と塩素原子のどちらか。

〔　　　　〕

(4) 塩化物イオンは，陽イオンと陰(いん)イオンのどちらのイオンか。

〔　　　　〕

(5) (1)の電離(でんり)のようすを，化学反応式で表しなさい。

〔 HCl ⟶　　　　〕

4 右の図は，ある電解質の水溶液の電離のようすを示したものである。次の問いに答えなさい。　(各５点×６　30点)

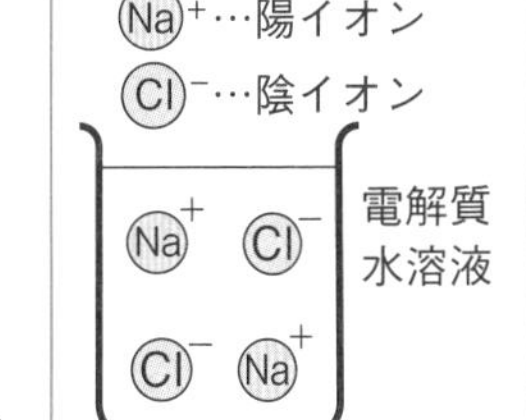

(1) この電解質水溶液は，何という物質が水にとけたものか。

〔　　　　〕

(2) この水溶液に電離している陽イオンと陰イオンの名称(めいしょう)と，化学式をそれぞれ書きなさい。

陽イオンの名称〔　　　　〕　化学式〔　　　　〕

陰イオンの名称〔　　　　〕　化学式〔　　　　〕

(3) この水溶液に電離している陽イオンの数と陰イオンの数は，どうなっているか。

〔　　　　〕

3 塩素原子はイオンになると，塩素イオンとよばずに，塩化物イオンとよぶ。

4 (3)陽イオンと陰イオンの数の比は，１：１になっている。

6章 水溶液(すいようえき)とイオン

1 右の図は，ヘリウム原子のつくりを表している。次の問いに答えなさい。 (各6点×5 30点)

(1) 原子の中心にある原子核(げんしかく)は，＋の電気をもつものと，電気をもたないものとでできている。＋の電気をもつものを何というか。
〔　　　〕

(2) 原子核のまわりにある，－の電気をもつものを何というか。〔　　　〕

(3) 原子全体として，(1)のものと(2)のものの数を比べると，どうなっているか。
〔　　　〕

(4) 原子をつくっているもののうち，(1)，(2)以外のものを何というか。
〔　　　〕

(5) (1)，(2)，(4)で答えたもののうち，原子がイオンになるとき，原子からとび出したり，原子が受けとったりするものは何か。〔　　　〕

2 右の図は，塩化水素が水にとけたようすを，イオンで示したものである。次の問いに答えなさい。(各5点×6 30点)

(1) 塩化水素の水溶液を何というか。名称(めいしょう)を書きなさい。
〔　　　〕

(2) 図のA（陽イオン）は，何という原子がイオンになったものか。元素記号で答えなさい。〔　　　〕

(3) A（陽イオン）の名称を書きなさい。〔　　　〕

(4) 図のB（陰(いん)イオン）は，何という原子がイオンになったものか。元素記号で答えなさい。〔　　　〕

(5) B（陰イオン）の名称を書きなさい。〔　　　〕

(6) 原子が電子を失ってできたイオンは，A・Bのどちらか。〔　　　〕

1 (3)原子は，電気的には中性である。

2 (6)原子が電子を受けとると，－の電気を帯びたイオンになる。

学習日 月 日 得点 点

3 下の図は，塩酸・塩化ナトリウム水溶液・砂糖水・エタノールの水溶液をモデルで表したものである。次の問いに答えなさい。（各４点×10 **40**点）

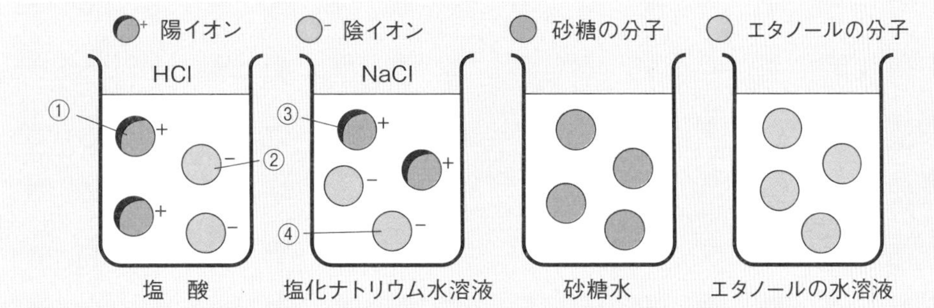

(1) 電離(でんり)していない水溶液をすべて書きなさい。

〔　　　　　　　　　　〕

(2) 塩化水素は，水にとけると，次のようなイオンに分かれる。

塩化水素 ⟶ 水素イオン ＋ 塩化物イオン

塩化ナトリウムは，水にとけると，次のようなイオンに分かれる。

塩化ナトリウム ⟶ ナトリウムイオン ＋ 塩化物イオン

このことを参考に，図の①～④のイオンの名称と化学式を，それぞれ書きなさい。

① 名称〔　　　　〕 化学式〔　　　　〕

② 名称〔　　　　〕 化学式〔　　　　〕

③ 名称〔　　　　〕 化学式〔　　　　〕

④ 名称〔　　　　〕 化学式〔　　　　〕

(3) 水溶液にすると電流が流れる理由を，次のア～ウから選び，記号で答えなさい。

〔　　〕

ア 溶媒(ようばい)の精製水が電流を流すから。

イ 物質がイオンに分かれるから。

ウ 水にとけた分子が電気を運ぶから。

3 (1)物質が水にとけて，陽イオンと陰イオンに分かれることを電離という。(2)塩化水素の化学式はHCl，塩化ナトリウムの化学式はNaClであり，このことから考える。 (3)電離する物質の水溶液は電流が流れる。

7章 電気分解と電池－1

❶ 塩化銅水溶液の電気分解

① 塩化銅水溶液の電気分解

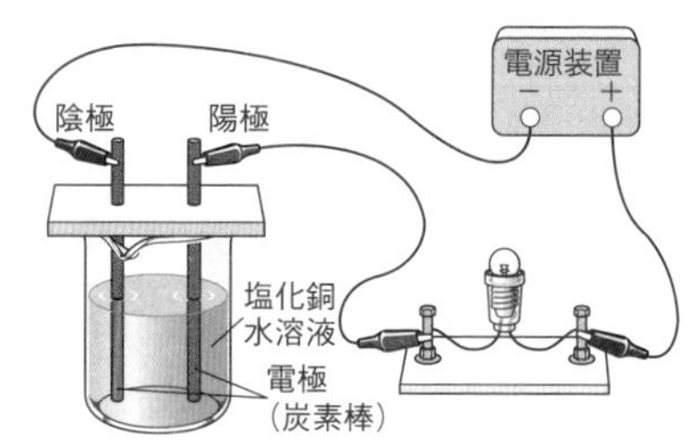

塩化銅水溶液に電流を流すと，塩化銅が分解して銅と塩素ができる。

- 陽極…塩素が発生する。
  - →においがあり，漂白作用がある。
- 陰極…銅が付着する。
  - →赤色。

> 塩化銅水溶液の電気分解
>
> 塩化銅 ⟶ 銅 ＋ 塩素
>
> $CuCl_2 \longrightarrow Cu + Cl_2$

注 電気分解が進むと，水溶液の青色がうすくなる。

② **電極を逆にする** 電極を逆につなぎかえると，赤色の銅の付着や塩素が発生する電極も逆になる。

❷ 塩酸の電気分解

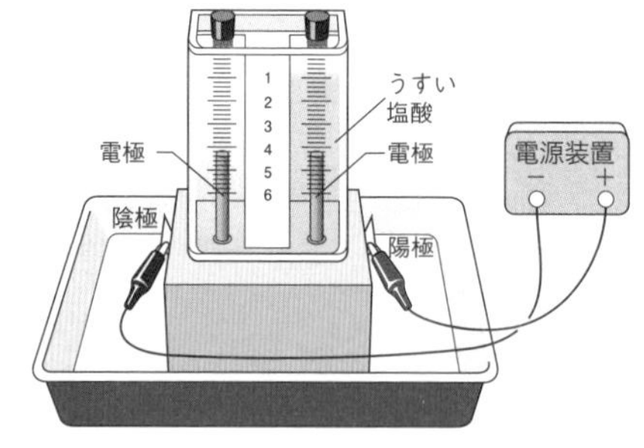

① **塩酸の電気分解** 塩酸に電流を流すと，塩化水素が分解して塩素と水素ができる。

- 陽極…塩素が発生する。
- 陰極…水素が発生する。
  - →火を近づけると，音をたてて燃える。

> 塩酸の電気分解
>
> 塩化水素 ⟶ 水素 ＋ 塩素
>
> $2HCl \longrightarrow H_2 + Cl_2$

注 発生する気体の量は同じであるが，塩素は水にとけやすいので，水素より集まる量は少なくなる。

✦覚えると得✦

塩化銅水溶液と電気分解

塩化銅は，水溶液中で銅イオンCu^{2+}と塩化物イオンCl^-に電離している。電流が流れると，陰極付近のCu^{2+}は，陰極から電子を２個受けとって銅原子Cuになり，陰極の表面に付着する。また，陽極付近のCl^-は，陽極で電子を1個与えて塩素原子Clになる。Clは，２個ずつ結びついて塩素分子Cl_2となり，気体の塩素が発生する。

左の「学習の要点」を見て答えましょう。

学習日 月 日

① 右の図のような装置で塩化銅水溶液を電気分解した。次の問いに答えなさい。

チェック P.86 ①

(1) 塩化銅水溶液に電流を流したとき，陽極，陰極にはどのような変化が見られるか。次の文の〔 〕にあてはまることばを書きなさい。

陽極には，においが〔①　　〕，気体の〔②　　〕が発生し，陰極には，〔③　　〕色の金属の〔④　　〕が付着した。

(2) 塩化銅水溶液の電気分解を化学反応式に表したとき，〔 〕にあてはまる化学式を書きなさい。

$CuCl_2$ ⟶ 陰極〔⑤　　〕＋ 陽極〔⑥　　〕

(3) 次の文の〔 〕にあてはまることばを書きなさい。

塩化銅水溶液の電気分解が進むと，水溶液の青色が〔⑦　　〕なる。また，電極を逆につなぎかえると，銅の付着や塩素が発生する電極も〔⑧　　〕になる。

② 右の図のような装置で塩酸を電気分解した。次の問いに答えなさい。

チェック P.86 ②

(1) 塩酸に電流を流したとき，陽極，陰極にはどのような変化が見られるか。次の文の〔 〕にあてはまることばを書きなさい。

陽極には，においが〔①　　〕，気体の〔②　　〕が発生し，陰極には，火を近づけると，音をたてて〔③　　〕，気体の〔④　　〕が発生した。

(2) 塩酸の電気分解を化学反応式に表したとき，〔 〕にあてはまる化学式を書きなさい。

2HCl ⟶ 陰極〔⑤　　〕＋ 陽極〔⑥　　〕

7章 電気分解と電池－2

③ 金属イオンへのなりやすさ

① **陽イオンへのなりやすさ**
└→イオン化傾向という。

金属の種類によってイオンへのなりやすさにちがいがある。

Mg＞Zn＞Cu＞Ag

なりやすい ⟷ なりにくい

硫酸銅水溶液に亜鉛片を入れたときの変化

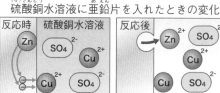

反応時　硫酸銅水溶液

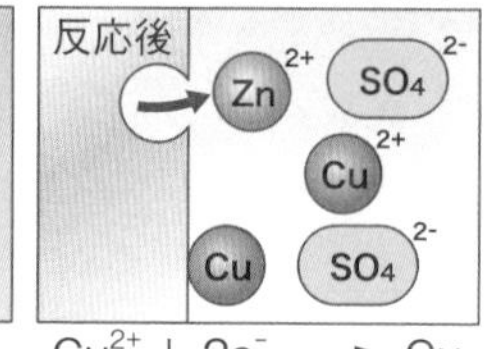

$Zn \longrightarrow Zn^{2+} + 2e^-$
亜鉛が電子を２個放出して亜鉛イオンになる。

$Cu^{2+} + 2e^- \longrightarrow Cu$
銅イオンが電子を２個受けとって銅原子になる。水溶液の青色がうすくなる。

④ 化学変化と電池

① **電池**　電解質の水溶液に**２種類の金属板**を入れて導線でつなぐと，それらの金属の間に電圧が生じ，電流が流れる。このように，物質がもつ化学エネルギーを，化学変化によって電気エネルギーに変換してとり出す装置を電池という。

② **ダニエル電池のしくみ**

亜鉛原子が電子を失い亜鉛イオンになってとけ出す。→亜鉛板に残った電子が導線を通って銅板へ移動し，電流が流れる。→銅板に移動した電子を，水溶液中の銅イオンが銅板の表面で受けとって銅原子になる。

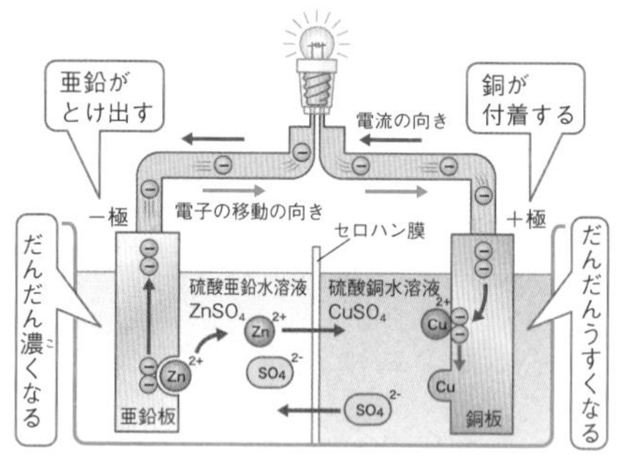

③ **燃料電池**　水の電気分解とは逆の化学変化を利用して，電気エネルギーを直接とり出す装置を燃料電池という。

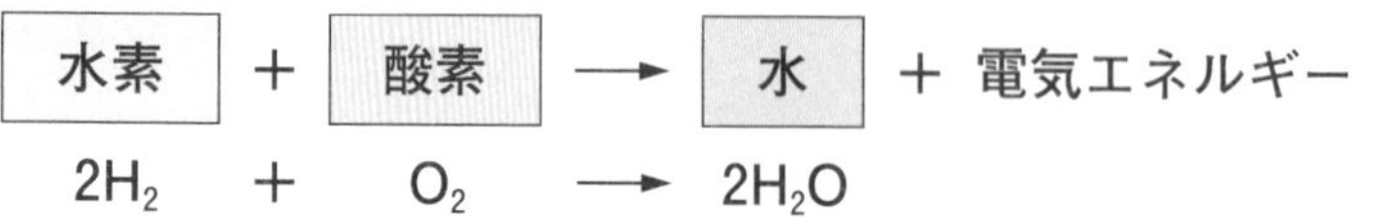

水素 ＋ 酸素 → 水 ＋ 電気エネルギー

$$2H_2 + O_2 \longrightarrow 2H_2O$$

● 燃料電池は水だけが生じて，環境への悪影響が少ないので，普及が進められている。 例 燃料電池自動車

覚えると得

イオンになりやすい金属

異なる２種類の金属板を電極とした電池では，イオンになりやすい金属のほうが，電子を放出するため，電池の－極となる。

セロハン膜の役割

セロハン膜は，電流を流すために，必要なイオンだけを通過させ，水溶液が完全に混ざらないようにしている。

一次電池

使い切りの電池（マンガン乾電池など）。

二次電池

充電でくり返し使える電池（リチウムイオン電池など）。

重要 テストに出る

● ダニエル電池

－極（亜鉛板）

$Zn \longrightarrow Zn^{2+} + 2e^-$

＋極（銅板）

$Cu^{2+} + 2e^- \longrightarrow Cu$

e^-は電子1個を表す。

基本チェック

左の「学習の要点」を見て答えましょう。

学習日 月 日

③ イオンへのなりやすさについて，次の問いに答えなさい。

チェック P.88③

(1) 硫酸銅水溶液に亜鉛片を入れると，表面に固体が付着した。この固体は何か。物質名で答えなさい。

〔　　〕

(2) (1)での変化について，次の文の〔　〕にあてはまることばを，下の{　}の中から選んで書きなさい。

硫酸銅水溶液は，〔①　　〕と硫酸イオンに電離している。亜鉛片を入れると，亜鉛原子が〔②　　〕を２個放出して〔③　　〕になり，水溶液中の銅イオンが，その②を２個受けとって〔④　　〕になる。

{ 電子　銅原子　亜鉛原子　銅イオン　亜鉛イオン }

(3) 硫酸亜鉛水溶液に，銅片を入れると，銅片の表面に変化はみられるか。

〔　　〕

(4) 銅と亜鉛では，どちらがイオンになりやすいといえるか。

〔　　〕

④ 化学変化と電池について，次の問いに答えなさい。

チェック P.88④

(1) 電池について，次の文の〔　〕にあてはまることばを書きなさい。

〔①　　〕の水溶液に〔②　　〕種類の金属板を入れて導線でつなぐと，それらの金属の間に電圧が生じ，電流が流れる。これを電池という。

(2) ダニエル電池では，亜鉛板と銅板は，それぞれ＋極，－極のどちらになるか。

亜鉛板〔　　〕　銅板〔　　〕

(3) 充電でくり返し使える電池を何というか。

〔　　〕

(4) 水の電気分解とは逆の化学変化を利用して，電気エネルギーを直接とり出す装置を何というか。

〔　　〕

7章 電気分解と電池

1 塩化銅水溶液の電気分解について，次の問いに答えなさい。 チェック P.86❶ (各５点×６ 30点)

(塩化銅水溶液の電気分解)
(−)
陽極
(+)
陰極
電源装置へ
銅が付着
塩素が発生
青色

(1) 塩化銅水溶液は何色をしているか。下の{　}の中から選んで書きなさい。〔　　〕

{ 赤色　青色　黄色　緑色 }

(2) 陰極は，電源の＋極，−極のどちらにつながっているか。〔　　〕

(3) 陽極，陰極で見られる現象を，次のア〜エからそれぞれ選び，記号で答えなさい。

陽極〔　　〕 陰極〔　　〕

ア　においのある気体が発生する。

イ　石灰水を白くにごらせる気体が発生する。

ウ　赤色の物質が電極に付着する。

エ　火を近づけると音をたてて燃える気体が発生する。

(4) 陽極，陰極で生じた物質はそれぞれ何か。下の{　}の中から選んで書きなさい。

陽極〔　　〕 陰極〔　　〕

{ 塩素　二酸化炭素　銅　水素 }

2 塩酸の電気分解について，次の問いに答えなさい。 チェック P.86❷

(各５点×５ 25点)

(1) 塩酸は，何という気体が水にとけた水溶液か。〔　　〕

(2) 塩酸の電気分解で，陽極と陰極から発生する気体を，下の{　}の中から選んで書きなさい。また，その気体の性質を，下のア〜ウから選び，記号で答えなさい。

陽極〔　　〕 性質〔　　〕

陰極〔　　〕 性質〔　　〕

{ 水素　酸素　二酸化炭素　塩素 }

ア　ものを燃やす。　イ　火を近づけると音をたてて燃える。

ウ　漂白作用がある。

学習日 月 日 得点 点

3 右の図のように，銀線と銅線，硝酸銀水溶液と硫酸銅水溶液を用いて，銀と銅のイオンへのなりやすさを比べる実験をした。これについて，次の問いに答えなさい。

チェック P.88③ (各5点×5 25点)

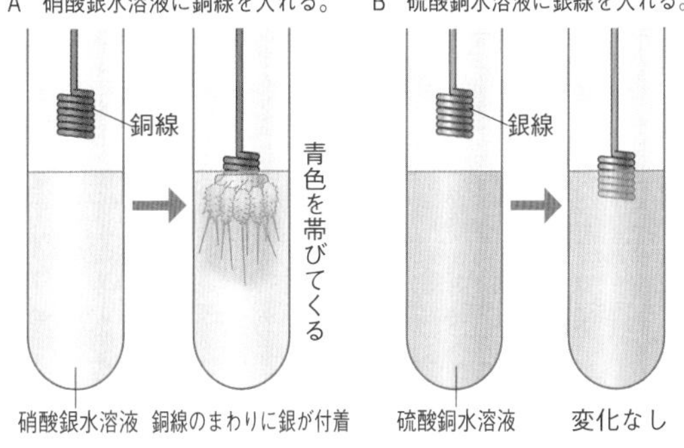

(1) 次の文の〔 〕にあてはまることばを，下の｛ ｝の中から選んで書きなさい。

Aで水溶液が青色を帯びたのは，〔① 〕が電子を放出して〔② 〕になってとけ出したからである。その電子を，水溶液中の〔③ 〕が受けとって〔④ 〕になったことがわかる。

｛ 銅原子 銀原子 銅イオン 銀イオン 電子 ｝

(2) AとBの結果から，銀と銅では，どちらのほうがイオンになりやすいといえるか。〔 〕

4 ダニエル電池について，次の問いに答えなさい。

チェック P.88④ (各5点×4 20点)

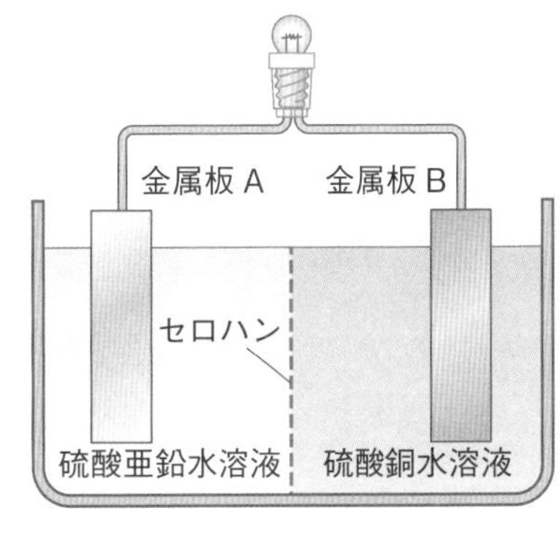

(1) 右の図の金属板A，Bの組み合わせを，次のア～エから選び，記号で答えなさい。〔 〕

ア A：亜鉛 B：亜鉛 イ A：銅 B：銅

ウ A：亜鉛 B：銅 エ A：銅 B：亜鉛

(2) 図の状態で，しばらく豆電球の明かりをつけた後，それぞれの金属板をとり出して質量をはかったとき，明かりをつける前と比べて質量が増えているのは，金属板A，Bのどちらか。〔 〕

(3) 次の文の〔 〕にあてはまることばを書きなさい。

電池は，物質がもつ〔① 〕エネルギーを，化学変化を利用して，〔② 〕エネルギーに変換してとり出す装置である。

7章 電気分解と電池

1 塩酸（塩化水素）を電気分解すると，陽極と陰極からそれぞれ異なる気体が発生した。右の図は，その電気分解を模式的に示したものである。次の問いに答えなさい。（各8点×5　40点）

(1) 右の図で，A，Bは，陽極と陰極のどちらの電極か。

A〔　　　　　　〕

B〔　　　　　　〕

(2) 塩酸の電気分解のようすを，化学反応式で表しなさい。

〔 $2HCl \longrightarrow$ 　　　　　　＋　　　　　　〕

(3) 刺激臭のある気体が発生するのは，陽極と陰極のどちらか。〔　　　　　　〕

(4) 電極Aに集まった気体のほうが，電極Bに集まった気体よりも体積が少なかった。その理由を簡単に書きなさい。

〔　　　　　　　　　　　　　　　　　　　　　　〕

2 右の図のように，塩化銅を水にとかして塩化銅水溶液をつくり，電気分解した。次の問いに答えなさい。（各6点×4　24点）

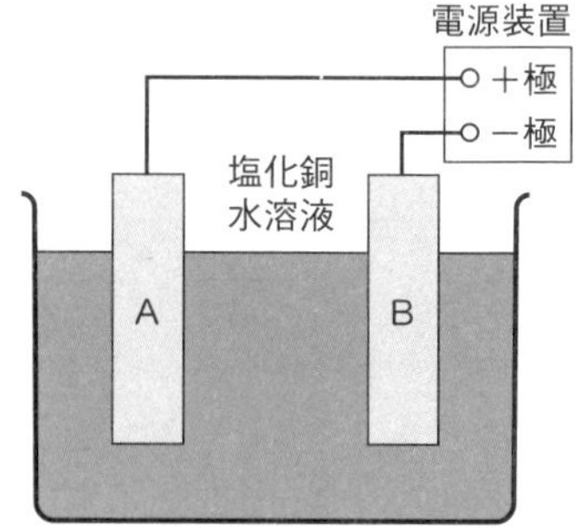

(1) 塩化銅水溶液は，何色をしているか。

〔　　　　　　〕

(2) 刺激臭のある気体が発生するのは，A，Bのどちらの電極か。〔　　　　　　〕

(3) 電極が赤色に変化するのは，A，Bのどちらの電極か。〔　　　　　　〕

(4) 電極を逆につなぎかえるとどうなるか。簡単に書きなさい。

〔　　　　　　　　　　　　　　　　　　　　　　〕

1 (2)塩化水素は，水素と塩素に分解される。
(4)水素は水にとけにくい。

2 (2)，(3)塩化銅は水溶液の中で，塩化物イオン（Cl^-）と銅イオン（Cu^{2+}）に電離する。

学習日 月 日 得点 点

3 3種類の金属片(銅片，亜鉛(あえん)片，マグネシウム片)を，3種類の水溶液(硫酸銅(りゅうさんどう)水溶液，硫酸亜鉛水溶液，硫酸マグネシウム水溶液)にそれぞれ入れて，金属片の変化を観察した。下の表は，その結果をまとめたものである。これについて，次の問いに答えなさい。 (各8点×3 24点)

(1) 次の①，②は，どの2つの実験結果を比べることでわかるか。表の㋐～㋕からそれぞれ2つずつ選び，記号で答えなさい。

	硫酸マグネシウム水溶液	硫酸亜鉛水溶液	硫酸銅水溶液
マグネシウム片	変化なし(同じ金属どうし)	㋐ マグネシウム片がうすくなり，亜鉛が付着	㋑ マグネシウム片がうすくなり，銅が付着
亜鉛片	㋒ 変化なし	変化なし(同じ金属どうし)	㋓ 亜鉛片がうすくなり，銅が付着
銅片	㋔ 変化なし	㋕ 変化なし	変化なし(同じ金属どうし)

① マグネシウムのほうが亜鉛よりもイオンになりやすい。 〔 と 〕

② 亜鉛のほうが銅よりもイオンになりやすい。 〔 と 〕

(2) 実験結果から，銅，亜鉛，マグネシウムを，イオンになりやすい順に並べなさい。

〔 〕

4 電解質の水溶液と2種類の金属板を使って，右の図のような装置をつくり，電流をとり出す実験をした。次の問いに答えなさい。 (各6点×2 12点)

(1) 電解質の水溶液としてあてはまるものを，次のア～オからすべて選び，記号で答えなさい。

〔 〕

ア 食塩水　　イ 砂糖水　　ウ レモンの汁

エ うすい塩酸　　オ エタノール

(2) 電流をとり出すことができる金属板の組み合わせを，次のア～ウからすべて選び，記号で答えなさい。 〔 〕

ア 銅板と亜鉛板　　イ 銅板と銅板　　ウ 亜鉛板と鉄板

得点UPコーチ

3 (1)㋐マグネシウム原子がマグネシウムイオンに，亜鉛イオンが亜鉛原子になっている。

4 (1)電流が流れるものを選ぶ。
(2)種類の異なる金属板でないと，電流は流れない。

発展ドリル 単元3 化学変化とイオン

7章 電気分解と電池

1 右の図1，図2の方法で，塩酸と塩化銅水溶液の電気分解をした。次の問いに答えなさい。

(各6点×7　42点)

⑴ 図1の塩酸（塩化水素）の電気分解のようすを，化学反応式で表しなさい。

〔　　　　　　　　　　　　〕

⑵ 図1で生じるA，Bの気体のうち，刺激臭のある気体はどちらか。〔　　〕

⑶ 図2の塩化銅水溶液の電気分解のようすを，化学反応式で表しなさい。

〔  $CuCl_2$ ⟶　　　　　〕

⑷ 図2で生じる物質C，Dのうち，金属なのはどちらか。〔　　〕

⑸ 塩化銅水溶液の色は，電気分解をしていくうちにどのように変化するか。次のア～ウから選び，記号で答えなさい。〔　　〕

ア　色はだんだんうすくなる。

イ　色は変わらない。

ウ　色はだんだん濃くなる。

⑹ 図3は，塩化銅水溶液に電流を流したときのようすを，模式的に示したものである。「陽イオンは電子を受けとり，陰イオンは電子を与える」として，Ⓒと Ⓓは，それぞれ＋と－のどちらの電気を帯びていると考えられるか。

Ⓒ〔　　　　〕

Ⓓ〔　　　　〕

図1

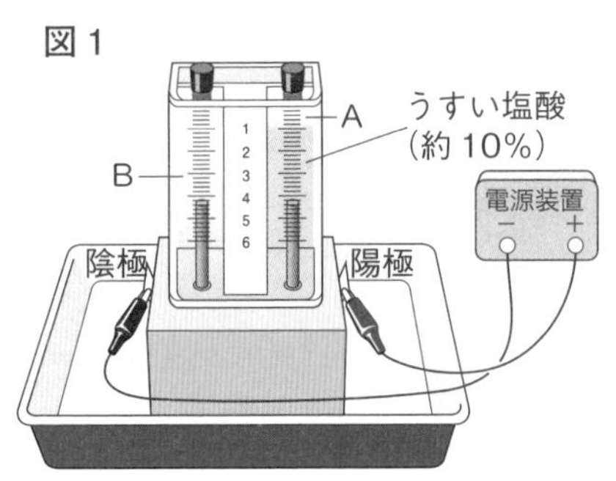

図2

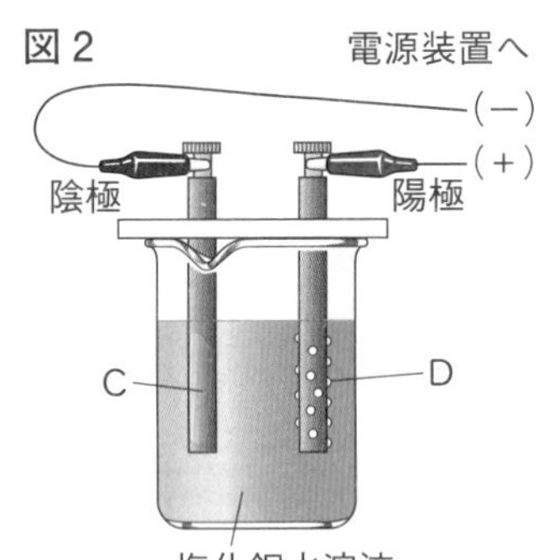

図3

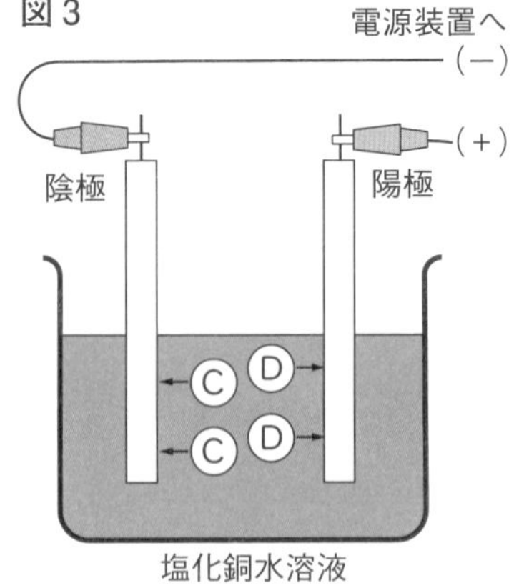

1 ⑶塩化銅は，銅と塩素に分解される。
⑸塩化銅水溶液の青色は，銅イオンの色である。
⑹陰極では電子を受けとり，陽極では電子を与えることから考える。

学習日	得点
月　日	点

2 右の図のように，３種類の金属片を３種類の水溶液にそれぞれ入れて，イオンへのなりやすさを調べ，結果を下の表にまとめた。これについて，次の問いに答えなさい。（各７点×４　28点）

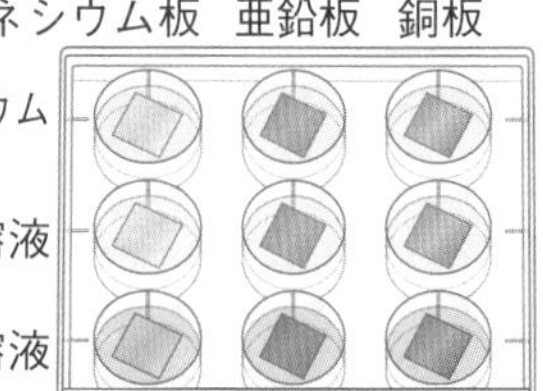

(1)　Ⓐ～Ⓒで起こった化学変化を表しているものを，次のア～カからそれぞれすべて選び，記号で答えなさい。ただし，e^-は，電子1個を表す。

	マグネシウム板	亜鉛板	銅板
硫酸マグネシウム水溶液	変化なし	変化なし	変化なし
硫酸亜鉛水溶液	Ⓐ 銀色の物質が付着	変化なし	変化なし
硫酸銅水溶液	Ⓑ 赤色の物質が付着	Ⓒ 赤色の物質が付着	変化なし

Ⓐ〔　　　　〕　Ⓑ〔　　　　〕　Ⓒ〔　　　　〕

ア　$Mg^{2+} + 2e^- \longrightarrow Mg$　　イ　$Mg \longrightarrow Mg^{2+} + 2e^-$　　ウ　$Cu^{2+} + 2e^- \longrightarrow Cu$

エ　$Cu \longrightarrow Cu^{2+} + 2e^-$　　オ　$Zn^{2+} + 2e^- \longrightarrow Zn$　　カ　$Zn \longrightarrow Zn^{2+} + 2e^-$

(2)　３種類の金属のイオンへのなりやすさの順を，不等式で表したものを，次のア～エから選び，記号で答えなさい。〔　　　〕

ア　Mg＞Cu＞Zn　　イ　Zn＞Cu＞Mg　　ウ　Mg＞Zn＞Cu　　エ　Zn＞Mg＞Cu

3 ダニエル電池について，次の問いに答えなさい。（各６点×５　30点）

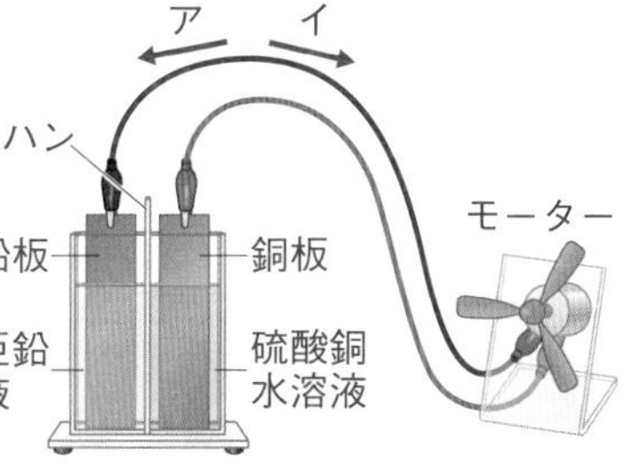

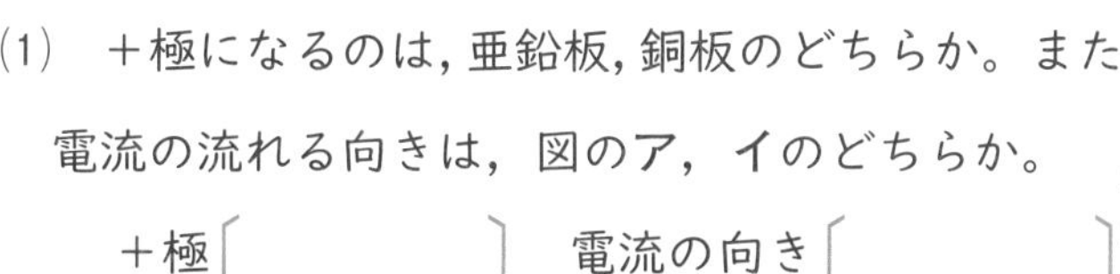

(1)　＋極になるのは，亜鉛板，銅板のどちらか。また，電流の流れる向きは，図のア，イのどちらか。

＋極〔　　　〕　電流の向き〔　　　〕

(2)　亜鉛板と銅板で起こる化学変化を表した次の化学反応式を完成させなさい。ただし，┈┈▸は，電子の移動を示し，電子1個をe^-で表すものとする。

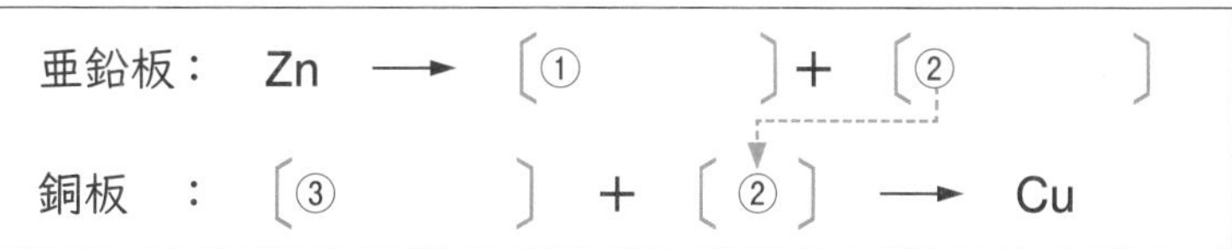

亜鉛板：　Zn ⟶ 〔①　　〕＋〔②　　〕

銅板　：　〔③　　〕＋〔②〕 ⟶ Cu

2 (1)Ⓐの銀色の物質は亜鉛，ⒷとⒸの赤色の物質は銅である。原子→イオンの変化では，電子を放出し，イオン→原子の変化では，電子を受けとる。

3 (1)電流の向きは，電子の移動の向きの逆である。

8章 酸・アルカリとイオン－1

❶ 酸性の水溶液(すいようえき)とイオン

① **水溶液の性質**

a．青色リトマス紙を赤色に変える。

b．緑色のBTB溶液を黄色に変える。

c．マグネシウムリボンと反応して水素が発生する。
└▶中性やアルカリ性の水溶液では水素は発生しない。

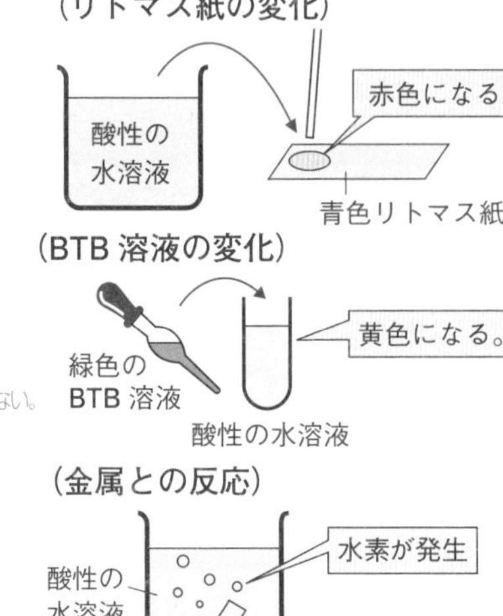

② **酸性を示すイオン**　水溶液中に水素イオン（H^+）があると，水溶液は酸性を示す。

③ **酸**　水溶液にしたとき電離(でんり)して，水素イオン（H^+）を生じる化合物。塩化水素，硫酸(りゅうさん)など。

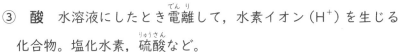

例　$HCl \longrightarrow H^+ + Cl^-$　　$H_2SO_4 \longrightarrow 2H^+ + SO_4^{2-}$

❷ アルカリ性の水溶液とイオン

① **水溶液の性質**

a．赤色リトマス紙を青色に変える。

b．緑色のBTB溶液を青色に変える。

c．フェノールフタレイン溶液を赤色に変える。

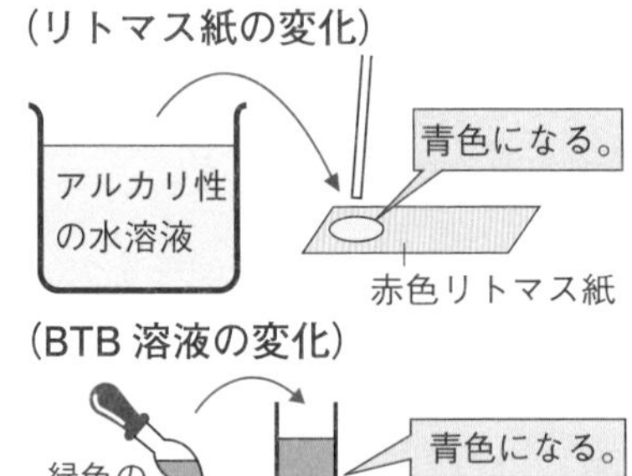

② **アルカリ性を示すイオン**　水溶液中に水酸化物イオン（OH^-）があると，水溶液はアルカリ性を示す。

③ **アルカリ**　水溶液にしたとき電離して，水酸化物イオン（OH^-）を生じる化合物。水酸化ナトリウム，水酸化カリウムなど。

例　$NaOH \longrightarrow Na^+ + OH^-$　　$KOH \longrightarrow K^+ + OH^-$

覚えると得

pH（ピーエイチ）

水溶液の酸性，アルカリ性の強さを表すとき，pH（ピーエイチ）が用いられる。pHの値が7のときが中性，7より大きいほどアルカリ性が強く，7より小さいほど酸性が強い。

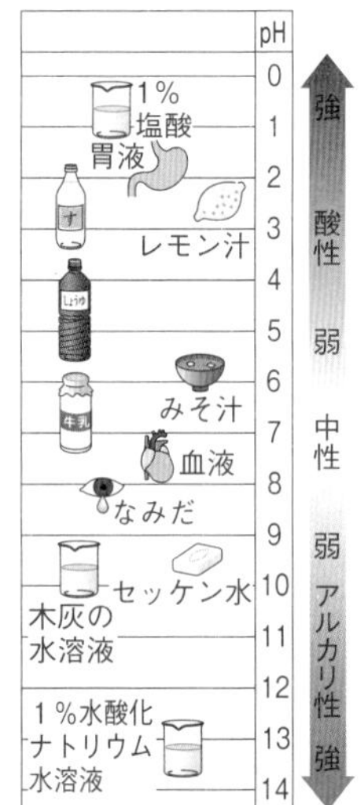

重要 テストに出る

●酸性を示すイオンは，水素イオン（H^+），アルカリ性を示すイオンは，水酸化物イオン（OH^-）である。

基本チェック

左の「学習の要点」を見て答えましょう。

学習日　月　日

① 酸性の水溶液とイオンについて，次の問いに答えなさい。

チェック P.96❶

(1) 酸性の水溶液の性質について，次の問いに答えなさい。

① 青色リトマス紙を何色に変えるか。

〔　　　〕

② 緑色のBTB溶液を何色に変えるか。

〔　　　〕

③ マグネシウムリボンと反応するとどうなるか。

〔　　　〕

(2) 水溶液が酸性を示すのは，水溶液中に何イオンがあるためか。

〔　　　〕

(3) 水溶液にしたとき電離して，(2)を生じる化合物を何というか。

〔　　　〕

② アルカリ性の水溶液とイオンについて，次の問いに答えなさい。

チェック P.96❷

(1) アルカリ性の水溶液の性質について，次の問いに答えなさい。

① 赤色リトマス紙を何色に変えるか。

〔　　　〕

② 緑色のBTB溶液を何色に変えるか。

〔　　　〕

③ フェノールフタレイン溶液を何色に変えるか。

〔　　　〕

(2) 水溶液がアルカリ性を示すのは，水溶液中に何イオンがあるためか。

〔　　　〕

(3) 水溶液にしたとき電離して，(2)を生じる化合物を何というか。

〔　　　〕

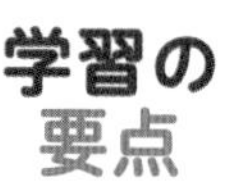

8章 酸・アルカリとイオン－2

③ 中和とイオン

① **中和** 酸とアルカリが，たがいの性質を打ち消し合う反応。

② **中和とイオン** 中和の反応では，酸の水溶液中の**水素イオン**（H^+）と，アルカリの水溶液中の**水酸化物イオン**（OH^-）が結びついて水ができる。

中和	H^+	＋	OH^-	⟶	H_2O
	水素イオン		水酸化物イオン		水

③ **塩** 酸の陰イオンとアルカリの陽イオンが結びついてできる物質。

④ **水にとける塩ととけない塩**…中和によってできる塩には，水にとけるものと，とけないものがある。

● **水にとける塩**…塩化ナトリウム（塩酸と水酸化ナトリウム水溶液の中和によってできる塩）→水溶液は透明のまま。

$HCl + NaOH \longrightarrow NaCl + H_2O$

● **水にとけない塩**…硫酸バリウム（硫酸と水酸化バリウム水溶液の中和によってできる塩）→水溶液は白くにごる。

$H_2SO_4 + Ba(OH)_2 \longrightarrow BaSO_4 + 2H_2O$

⑤ **塩酸と水酸化ナトリウム水溶液の反応** 塩酸に水酸化ナトリウム水溶液を加えると，水と塩化ナトリウムができる。

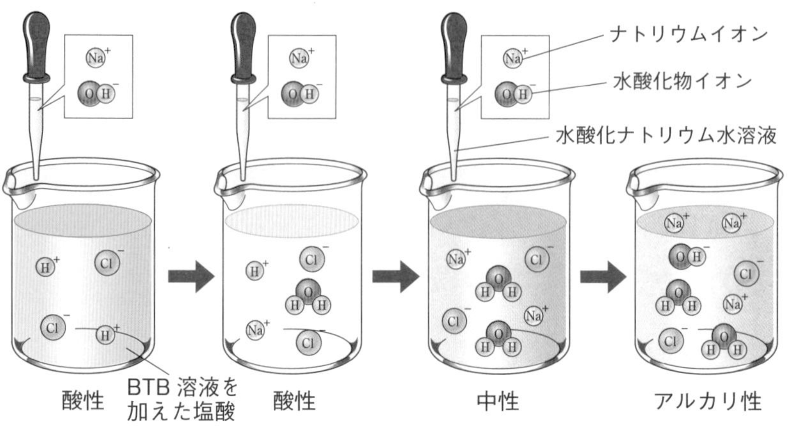

覚えると得

中和は発熱反応

中和が起こると，水溶液の温度が上がる。

中性

中和が起こり，水溶液中に水素イオン（H^+）も水酸化物イオン（OH^-）も存在しないとき，その水溶液は中性である。

ミスに注意

中和と中性

酸とアルカリを混ぜたとき，中性にならなくても，中和の反応は起きている。

基本チェック

左の「学習の要点」を見て答えましょう。

学習日　　月　　日

③ 中和とイオンについて，次の問いに答えなさい。

チェック P.98③

(1) 酸とアルカリが，たがいの性質を打ち消し合う反応を何というか。

〔　　　　〕

(2) 中和の反応で，酸の水溶液中の水素イオンと，アルカリの水溶液中の水酸化物イオンが結びついて何ができるか。

〔　　　　〕

(3) 酸の陰イオンとアルカリの陽イオンが結びついてできる物質を何というか。

〔　　　　〕

(4) 塩酸と水酸化ナトリウム水溶液の中和によってできる(3)は何か。物質名で答えなさい。

〔　　　　〕

(5) (4)は，水にとけるか，とけないか。

〔　　　　〕

(6) 硫酸と水酸化バリウム水溶液の中和によってできる(3)は何か。物質名で答えなさい。

〔　　　　〕

(7) (6)は，水にとけるか，とけないか。

〔　　　　〕

(8) 中和が起こり，水溶液中に水素イオンも水酸化物イオンも存在しないとき，その水溶液の性質は何か。

〔　　　　〕

(9) 塩酸に水酸化ナトリウム水溶液を加えると，何ができるか。化学式で２つ答えなさい。〔　　　　〕〔　　　　〕

(10) 中和が起こると，水溶液の温度はどうなるか。次のア～ウから選び，記号で答えなさい。〔　　　　〕

ア　温度が上がる。　　イ　温度が下がる。　　ウ　変わらない。

8章 酸・アルカリとイオン

1 酸性の水溶液(すいようえき)について，次の問いに答えなさい。

チェック P.96❶ (各５点×４ 20点)

(1) 酸性の水溶液は，何色のリトマス紙を何色に変えるか。 〔　　→　　〕

(2) 酸性の水溶液は，緑色のBTB溶液を何色に変えるか。 〔　　〕

(3) 塩酸や硫酸(りゅうさん)にマグネシウムリボンを入れると，何という気体が発生するか。

〔　　〕

(4) 酸性の水溶液を示すイオンは何か。下の{　}の中から選んで書きなさい。

〔　　〕

{ H^+　Cl^-　OH^-　SO_4^{2-} }

(リトマス紙の変化)

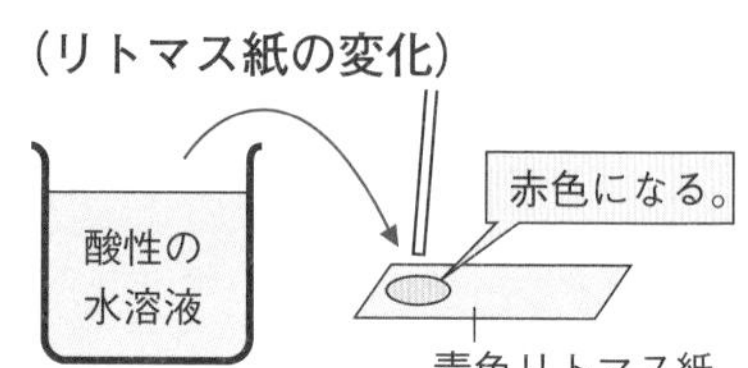

(BTB溶液の変化)

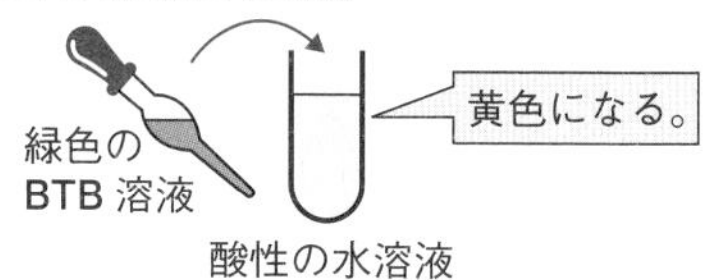

(金属との反応)

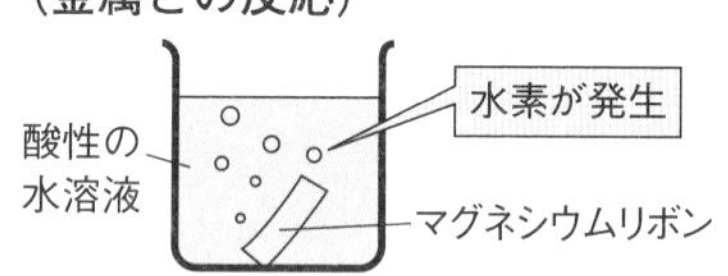

2 アルカリ性の水溶液について，次の問いに答えなさい。

チェック P.96❷ (各５点×４ 20点)

(1) アルカリ性の水溶液は，何色のリトマス紙を何色に変えるか。 〔　　→　　〕

(2) アルカリ性の水溶液は，緑色のBTB溶液を何色に変えるか。 〔　　〕

(3) アルカリ性の水溶液は，フェノールフタレイン溶液を何色に変えるか。

〔　　〕

(4) アルカリ性の水溶液を示すイオンは何か。下の{　}の中から選んで書きなさい。

〔　　〕

{ H^+　Cl^-　OH^-　SO_4^{2-} }

(リトマス紙の変化)

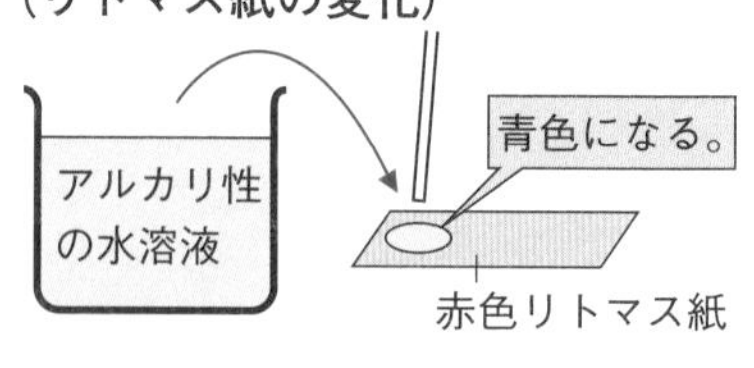

(BTB溶液の変化)

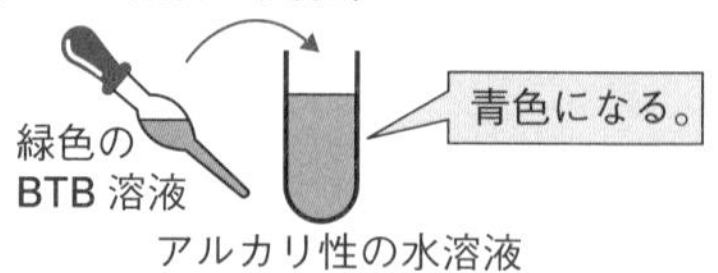

(フェノールフタレイン溶液の変化)

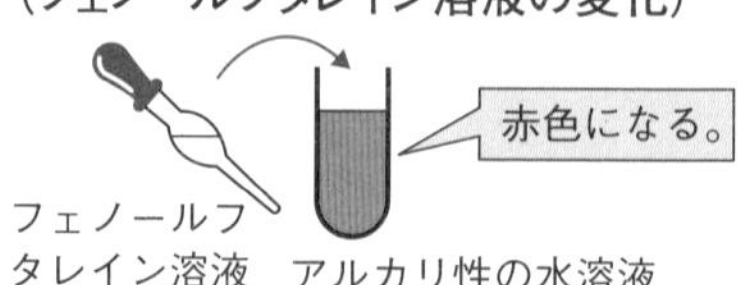

学習日　　月　　日　得点　　　点

3 塩酸に少しずつ水酸化ナトリウム水溶液を加えていった。次の問いに答えなさい。

チェック P.98③ (各6点×10　60点)

(1) 右の図の◌に，塩酸と水酸化ナトリウムが電離(でんり)しているようすを，下の□の中から選んでかきなさい。　(完答)

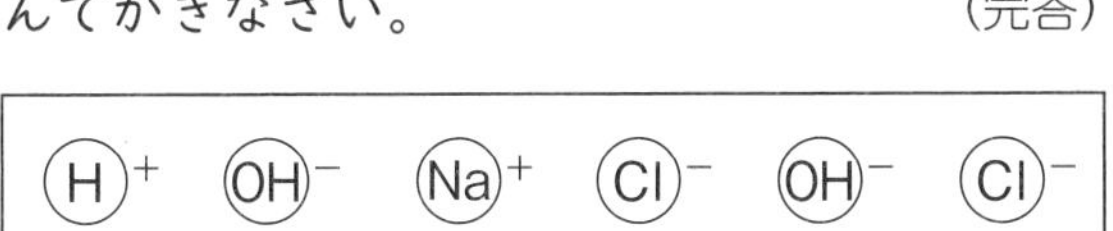

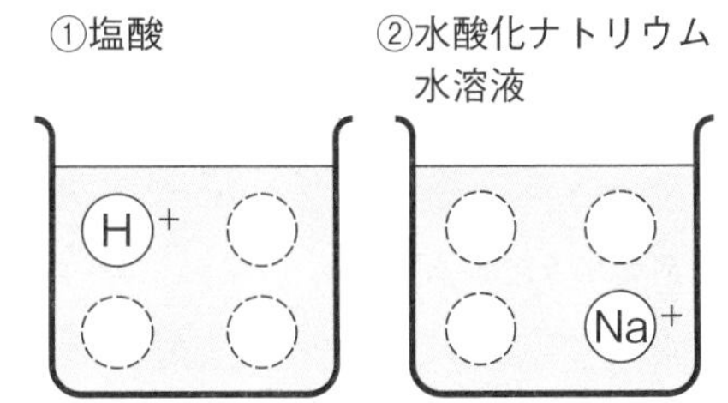

(2) 酸性とアルカリ性を示すイオンを，それぞれ化学式で答えなさい。

酸性〔　　　　〕　アルカリ性〔　　　　〕

(3) 塩酸と水酸化ナトリウム水溶液を同じ量加えても，右の図のようにはならず，実際には，水素イオンと水酸化物イオンが結びついて水になる。例を参考に，正しいモデルを，右の図の◌にかきなさい。　(完答)

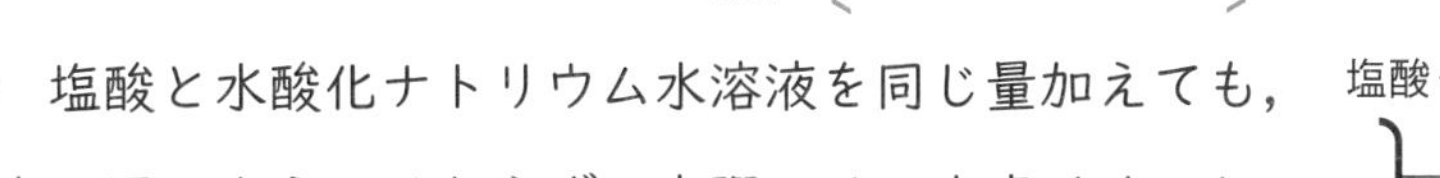

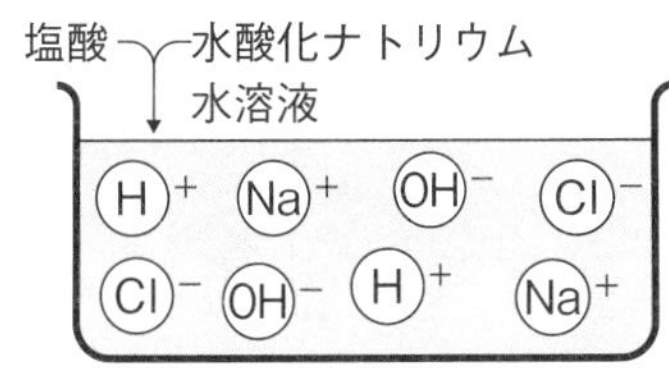

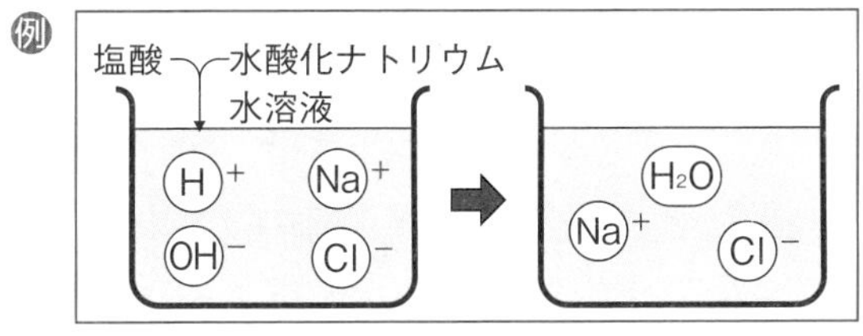

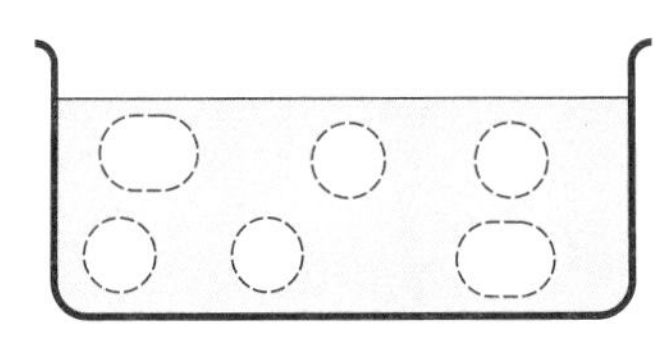

(4) 水素イオンと水酸化物イオンが水溶液中に存在しなくなると，混合液は，酸性，中性，アルカリ性のどの性質を示すか。　〔　　　　〕

(5) 中和によって，水素イオンと水酸化物イオンが結びついて水ができる。この反応を，化学式で表しなさい。

(6) 酸の陰(いん)イオンとアルカリの陽イオンが結びついてできる物質を何というか。

〔　　　　〕

(7) 塩酸と水酸化ナトリウム水溶液の中和によってできる(6)は何か。化学式で答えなさい。　〔　　　　〕

練習ドリル 8章 酸・アルカリとイオン

1 おもな酸の性質について，次の問いに答えなさい。

(各5点×6 30点)

塩化水素	HCl
硫酸	H_2SO_4
硝酸	HNO_3
酢酸	CH_3COOH
炭酸	H_2CO_3

(1) 炭酸は，二酸化炭素という気体が水にとけたものである。二酸化炭素の化学式を書きなさい。〔　　　　〕

(2) 硫酸は，水溶液中でどのように電離しているか。化学式で表しなさい。

〔$H_2SO_4 \longrightarrow$ 　　　　+　　　　〕

(3) 右の表にある酸は，何色のリトマス紙を何色に変えるか。〔　　→　　〕

(4) 右の表にある酸は，緑色のBTB溶液を何色に変えるか。〔　　　　〕

(5) 塩酸を電気分解すると，陰極からは，何という気体が発生するか。

〔　　　　〕

(6) 右の表の酸に共通する原子は何か。元素記号で答えなさい。〔　　　　〕

2 おもなアルカリの性質について，次の問いに答えなさい。　(各6点×5 30点)

水酸化ナトリウム	$NaOH$
水酸化カルシウム	$Ca(OH)_2$
水酸化カリウム	KOH

(1) 水酸化ナトリウム水溶液にマグネシウムリボンを入れると，気体は発生するか。〔　　　　〕

(2) 塩酸に水酸化ナトリウム水溶液を少しずつ混ぜ合わせていくと，酸性の水溶液の性質はどうなるか。〔　　　　〕

(3) 水酸化カリウムは，水溶液中でどのように電離しているか。化学式で表しなさい。

〔$KOH \longrightarrow$ 　　　　+　　　　〕

(4) 右の表のアルカリに共通する，水溶液中で電離して生じるイオンの名称と化学式を，それぞれ書きなさい。

名称〔　　　　〕

化学式〔　　　　〕

1 (1) $H_2O + CO_2 \longrightarrow H_2CO_3$
(6)共通する原子は，1種類だけである。

2 (1)アルカリ性の水溶液にはとけない。
(2)中和が起こると，酸の性質がどうなるかを考える。

学習日　月　日　得点　点

3 右の図は，塩酸に水酸化ナトリウム水溶液を加えて中和させたときのモデルである。次の問いに答えなさい。　(各5点×6　30点)

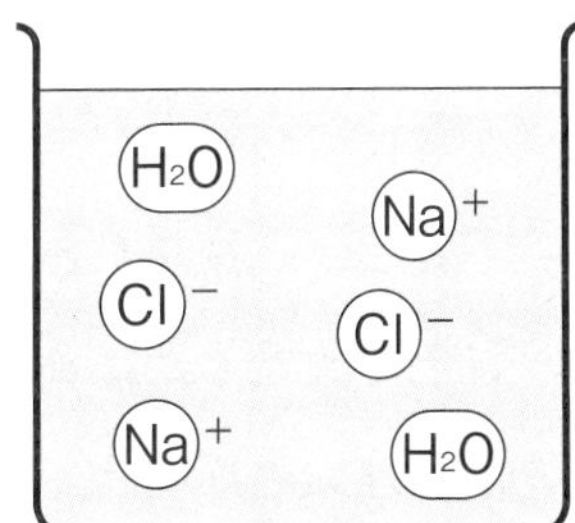

(1)　中性になったとき，水溶液中に残っているイオンは何と何か。イオンの名称で答えなさい。

〔　　　　　　　〕
〔　　　　　　　〕

(2)　この水溶液を蒸発させると，図の H_2O は水蒸気となって空気中に出てしまい，白い固体の結晶(けっしょう)が残る。この結晶は，何イオンと何イオンが結びついてできたものか。化学式で答えなさい。　〔　　　と　　　〕

(3)　(2)のことを，下のようにして考えた。①～③にあてはまる化学式を書きなさい。

酸	HCl	→	H^+ +	〔①　　〕	酸の陰イオン
アルカリ	NaOH	→	OH^- +	〔②　　〕	アルカリの陽イオン
	HCl＋NaOH	→	H_2O +	〔③　　〕	塩(えん)

4 酸とアルカリの中和で，酸の陰イオンとアルカリの陽イオンが結びついてできた物質を「塩」という。下の酸とアルカリでできる塩は何か。例にならって答えなさい。　(各5点×2　10点)

例　HCl(酸) ＋ NaOH(アルカリ) → H_2O(水) ＋ NaCl(塩)……〔塩化ナトリウム〕

(1)　H_2SO_4(硫酸) ＋ 2NaOH(水酸化ナトリウム) → $2H_2O$ ＋ Na_2SO_4……〔　　　〕

(2)　2HCl ＋ $Ca(OH)_2$(水酸化カルシウム) → $2H_2O$ ＋ $CaCl_2$……〔　　　〕

3 (1) H_2O は水分子であり，イオンではない。
(2) $Na^+ + Cl^- \longrightarrow NaCl$　の反応である。

4 中和は，水と塩ができる反応である。

8章 酸・アルカリとイオン

1 右の図のように，硝酸カリウム水溶液で湿らせたろ紙とリトマス紙の中央に，塩酸をしみこませた糸を置いて，両端から電圧を加えると，青色のリトマス紙のAの部分の色が変化した。次の問いに答えなさい。（各8点×3 24点）

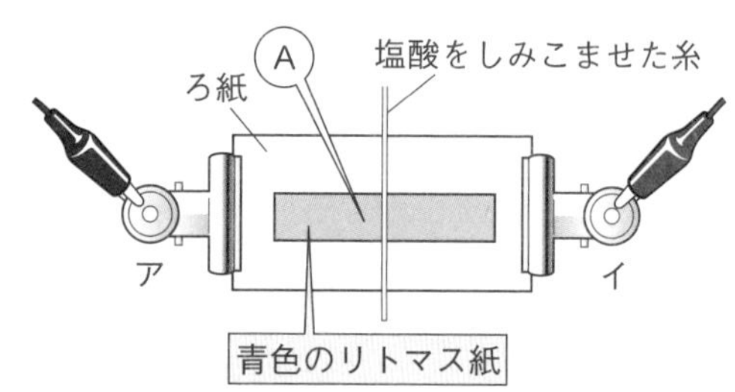

(1) 図のAの部分は，何色に変化したか。〔　　〕

(2) Aの部分を変化させたのは，何イオンか。化学式で答えなさい。〔　　〕

(3) 陰極は，図のア，イのどちらか。〔　　〕

2 右の図のように，硝酸カリウム水溶液で湿らせたろ紙とリトマス紙の中央に，水酸化ナトリウム水溶液をしみこませた糸を置いて，両端から電圧を加えた。次の問いに答えなさい。（各7点×4 28点）

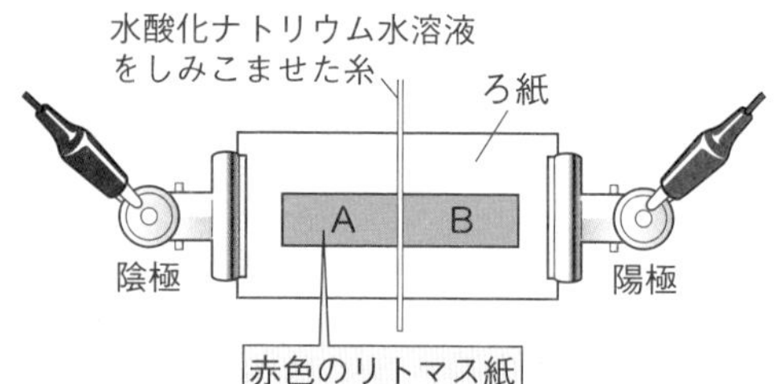

(1) 水酸化ナトリウムは水溶液中でどのように電離しているか。例にならって示しなさい。

例 $HCl \longrightarrow H^+ + Cl^-$ 〔　　〕

(2) 電圧を加えると，赤色のリトマス紙のA側とB側の色は，それぞれどう変化するか。A〔　　〕 B〔　　〕

(3) 赤色のリトマス紙を青色に変化させたのは，何イオンか。化学式で答えなさい。〔　　〕

1 (2)，(3)青色のリトマス紙の色を変化させた陽イオンは，陰極に向かって移動する。

2 (1)例は塩化水素の電離の例である。(2)Aでは陽イオンが陰極へ，Bでは陰イオンが陽極へ移動している。

学習日　　月　　日　得点　　点

3 下の図は，塩酸に水酸化ナトリウム水溶液を加えていったときのイオンのモデルを示したものである。次の問いに答えなさい。　（各6点×8　48点）

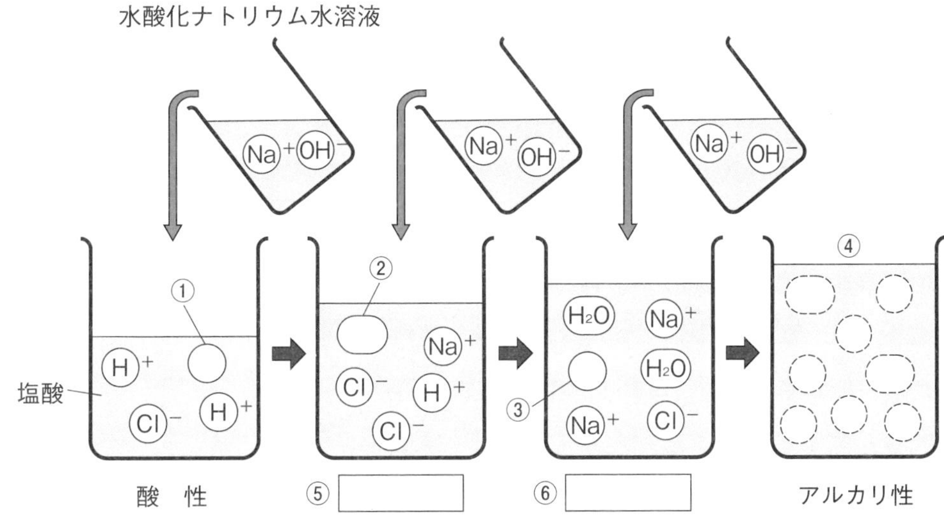

(1)　①のイオンは何か。化学式で答えなさい。　〔　　　　〕

(2)　②の分子は何か。化学式で答えなさい。　〔　　　　〕

(3)　③のイオンは何か。化学式で答えなさい。　〔　　　　〕

(4)　④の溶液全体のようすを，モデルを使って図にかきなさい。

(5)　④の溶液がアルカリ性を示すのは，何イオンがあるからか。イオンの名称（めいしょう）で答えなさい。　〔　　　　〕

(6)　⑤，⑥にあてはまる水溶液の性質を，それぞれ書きなさい。

⑤〔　　　　〕　⑥〔　　　　〕

(7)　中和（ちゅうわ）とはどんな反応か。「水素イオン」，「水酸化物イオン」，「水」のことばを使って説明しなさい。

3 (1)塩化水素の電離である。

(2)H^+とOH^-が結びついた物質の分子である。

(4)イオンの種類と数に注意する。

(5)酸性を示すイオンは水素イオンである。

まとめのドリル

単元3

化学変化とイオン①

1 次のA～Fの物質を水にとかして，電流を流す実験をした。次の問いに答えなさい。（各4点×3　12点）

A　塩化ナトリウム　　B　塩化水素　　C　水酸化ナトリウム

D　砂糖　　E　塩化銅　　F　エタノール

(1)　水にとけると電流が流れる物質を何というか。〔　　　〕

(2)　水にとかしても電流が流れないものを，A～Fからすべて選び，記号で答えなさい。〔　　　〕

(3)　(2)の理由として最も適当なものを，次のア～ウから選び，記号で答えなさい。〔　　　〕

ア　水にとけないから。

イ　水溶液（すいようえき）中で電離（でんり）しないから。

ウ　水溶液中でイオンになるから。

2 塩化ナトリウム水溶液と水酸化ナトリウム水溶液がある。これらの水溶液とイオンについて，次の問いに答えなさい。（各4点×6　24点）

(1)　ナトリウム原子がイオンになると，全体として＋，－のどちらの電気を帯び，陽イオンと陰（いん）イオンのどちらのイオンになるか。

電気〔　　　〕

イオン〔　　　〕

(2)　塩素原子がイオンになる場合はどうか。

電気〔　　　〕

イオン〔　　　〕

(3)　塩化ナトリウムの電離のようすを，化学反応式で表しなさい。

〔　$NaCl \longrightarrow$　　　〕

(4)　水酸化ナトリウムの電離のようすを，化学反応式で表しなさい。

〔　$NaOH \longrightarrow$　　　〕

1 (1)電解質は水にとけると電離し，水溶液中にイオンが存在する。
(3)非電解質は水にとかしても分子のままである。

2 (1)ナトリウム原子は電子を失って，Na^+（ナトリウムイオン）になる。

❸ 下の化学式で示されている物質について，次の問いに答えなさい。

（各５点×11　55点）

HCl	$NaOH$	H_2SO_4	$Ca(OH)_2$	KOH

(1) 上の物質を，すべて酸とアルカリに分けて，それぞれ物質名で答えなさい。

酸〔　　〕

アルカリ〔　　〕

(2) 酸に共通してふくまれるイオンは何か。イオンの名称(めいしょう)と化学式を書きなさい。

名称〔　　〕　化学式〔　　〕

(3) アルカリに共通してふくまれるイオンは何か。イオンの名称と化学式を書きなさい。

名称〔　　〕　化学式〔　　〕

(4) 酸の水溶液，アルカリの水溶液に中性のBTB溶液を加えると，それぞれ何色に変化するか。

酸〔　　〕

アルカリ〔　　〕

(5) 次の水溶液は，酸の水溶液，アルカリの水溶液のどちらか。それぞれ答えなさい。

① フェノールフタレイン溶液を赤色に変化させる。〔　　〕

② 青色のリトマス紙を赤色に変化させる。〔　　〕

(6) 上の物質の酸のうすい水溶液に，マグネシウムリボンを加えると発生する気体は何か。物質名で答えなさい。〔　　〕

❹ 電気エネルギーを直接とり出す燃料電池で起こっている化学変化を，化学反応式で表しなさい。

（9点）

〔　　〕

❸(1)酸は２種類，アルカリは３種類ある。
(2)酸は水溶液にしたとき電離して，水素イオンを生じる化合物である。
(4)BTB溶液は，中性で緑色を示す。
(6)酸の性質を示すイオンが電子を受けとってできた気体である。

まとめのドリル

単元3

化学変化とイオン②

1 右の図のような装置でうすい塩酸を電気分解したところ，一方の電極の表面からはにおいのある気体が発生し，もう一方の電極の表面からは水素が発生した。次の問いに答えなさい。　(各4点×5　20点)

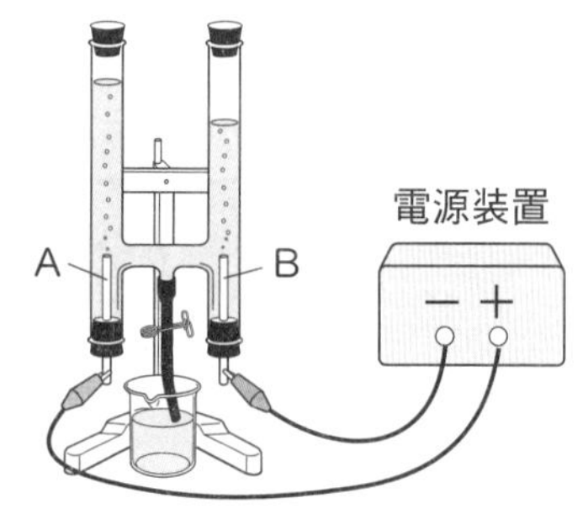

(1) においのある気体は何か。物質名で答えなさい。

〔　　　　〕

(2) 水素はA，Bのどちらから発生したか。　〔　　　　〕

(3) 次の①，②に化学式を書き，塩酸の電気分解を表す化学反応式を完成させなさい。

2［①］ ──→ H_2 ＋ ［②］　①〔　　　　〕 ②〔　　　　〕

(4) 塩化水素のように，水溶液中で陽イオンと陰イオンに分かれることを何というか。

〔　　　　〕

2 ダニエル電池について，次の問いに答えなさい。

(各5点×4　20点)

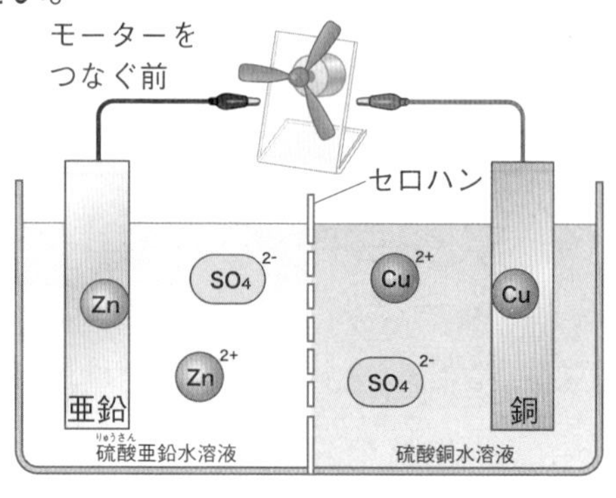

(1) セロハンを用いる理由を，簡単に説明しなさい。

〔　　　　〕

(2) 右の図で，モーターと亜鉛板，銅板を導線でつないだとき，亜鉛板と銅板の表面で起こる変化を表したものを，次のア～エから選び，それぞれ記号で答えなさい。

ア
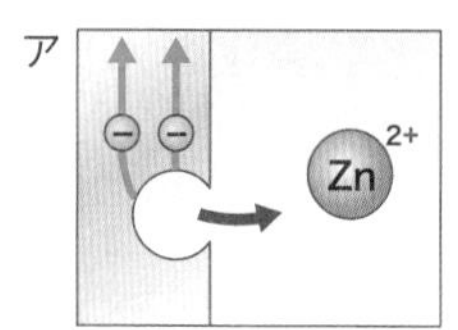

イ
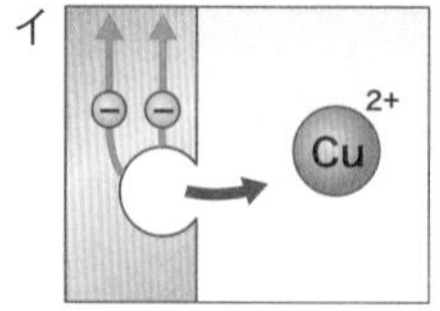

ウ
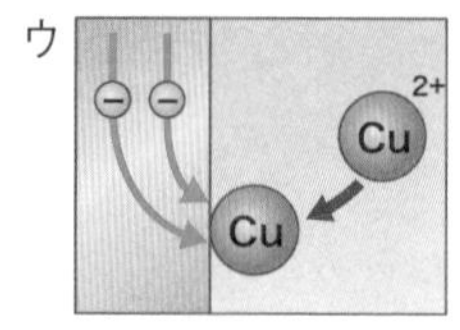

エ
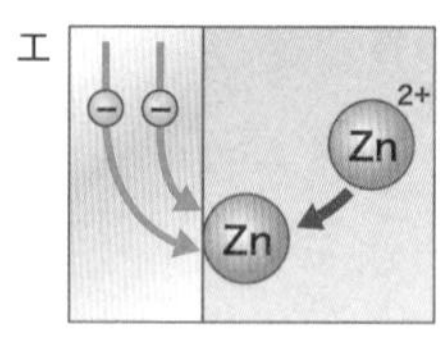

(3) ダニエル電池では，亜鉛板と銅板のどちらが－極になるか。　〔　　　　〕

1 (1)プールの消毒剤のようなにおいがする。 (4)塩化水素は，水素イオンと塩化物イオンに電離する。

2 (1)セロハンは，2種類の水溶液がすぐに混ざり合って，電流が流れにくくなることを防いでいる。

3 緑色のBTB溶液を入れた塩酸に，水酸化ナトリウム水溶液をこまごめピペットで2cm^3ずつ加え，その都度，水溶液の色の変化を調べた。下の図は，そのようすを示したものである。次の問いに答えなさい。 (各５点×12　60点)

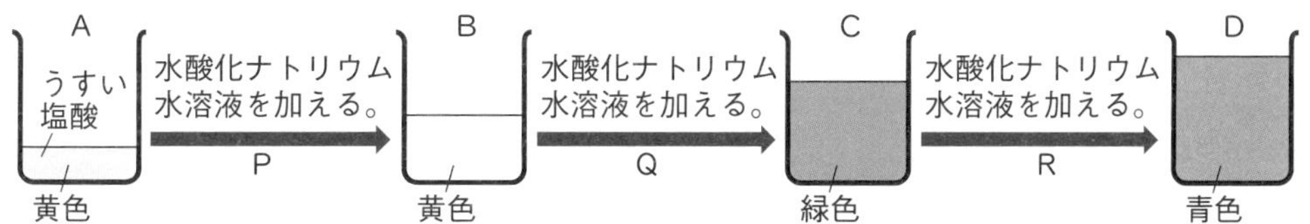

(1) 図のＡ～Ｄの水溶液は，それぞれ酸性，中性，アルカリ性のどの性質を示すか。

Ａ〔　　　〕 Ｂ〔　　　〕
Ｃ〔　　　〕 Ｄ〔　　　〕

(2) このとき，中和が起きているのは，矢印Ｐ～Ｒのどれか。すべて選び，記号で答えなさい。 〔　　　〕

(3) ＢとＣの水溶液にそれぞれマグネシウムリボンを入れると，気体は発生するか。

Ｂ〔　　　〕 Ｃ〔　　　〕

(4) Ｃの水溶液を蒸発皿にとって静かに熱すると，あとに白い固体が残った。この白い固体の物質名を答えなさい。 〔　　　〕

(5) (4)で答えた物質のように，中和によってできる物質を総称(そうしょう)して何というか。

〔　　　〕

(6) 中和によって(5)で答えたものと同時にできるものは何か。物質名で答えなさい。

〔　　　〕

(7) Ｄの水溶液にさらに水酸化ナトリウム水溶液を加えると，中和は起こるか。

〔　　　〕

(8) 塩酸に水酸化ナトリウム水溶液を加えたときに起こる反応を，化学反応式で表しなさい。 〔　　　〕

3 (1) BTB溶液は中性で緑色を示す。
(3) A，Bの水溶液は酸性で，マグネシウムと反応して水素が発生する。
(7) 水素イオンと水酸化物イオンがあれば中和は起こるが，一方がなくなると，中和は起こらない。

定期テスト対策問題(5)

1 次に示すイオンの化学式を書きなさい。　(各4点×6　24点)

① ナトリウムイオン　〔　　　〕　② 水素イオン　〔　　　〕

③ カリウムイオン　〔　　　〕　④ 塩化物イオン　〔　　　〕

⑤ 水酸化物イオン　〔　　　〕　⑥ 硫酸(りゅうさん)イオン　〔　　　〕

2 右の図のような装置を用いて，塩化銅水溶液(すいようえき)の電気分解を行った。次の問いに答えなさい。　(各5点×5　25点)

陽極
陰極
塩化銅水溶液

(1) 気体が発生するのは陽極，陰極(いんきょく)のどちらの電極か。

〔　　　〕

(2) (1)の気体は何か。物質名で答えなさい。

〔　　　〕

(3) 金属が付着するのは陽極，陰極のどちらの電極か。　〔　　　〕

(4) (3)で付着した金属は何か。物質名で答えなさい。　〔　　　〕

(5) 塩化銅水溶液の電気分解で起こる化学変化を，化学反応式で表しなさい。

〔　　　〕

3 右の図のような装置を用いて，うすい塩酸の電気分解を行ったところ，気体Aと気体Bが発生した。次の問いに答えなさい。

(各5点×5　25点)

A
B
うすい塩酸
電源装置
+
−

(1) それぞれの電極に発生した気体A，Bは何か。物質名で答えなさい。

気体A〔　　　〕

気体B〔　　　〕

(2) 特有のにおいのある気体は，気体A，Bのどちらか。

〔　　　〕

学習日　月　日　得点　点

(3)　この実験では，図のように気体Aの体積が気体Bの体積より小さくなった。その理由を簡単に書きなさい。〔　　　　　　　　　　　　　　　〕

(4)　陽極に発生した気体と同じ気体を発生させるには，何を電気分解すればよいか。次のア～エから選び，記号で答えなさい。〔　　〕

ア　塩化銅水溶液　　イ　硫酸銅水溶液

ウ　うすい硫酸　　エ　水酸化ナトリウム水溶液

4 右の図のような装置を用いて，水酸化ナトリウム水溶液中のイオンについて調べるため，両側から電圧を加えると，リトマス紙の色が変わった。次の問いに答えなさい。　(各4点×4　16点)

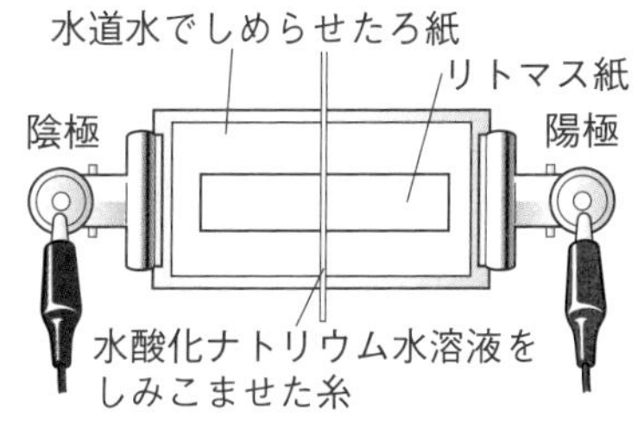

(1)　この実験では，何色のリトマス紙が何色に変わったか。〔　　　→　　　〕

(2)　次の文の〔　　〕にあてはまることばを書きなさい。

水酸化ナトリウムが〔①　　　　　〕したイオンは，それぞれ陽極，陰極へ移動する。リトマス紙の色が変わったのは，アルカリ性を示す原因となるイオンが〔②　　　　　〕極に向かって移動したためである。

(3)　アルカリ性を示す原因となるイオンの名称(めいしょう)を答えなさい。〔　　　　　〕

5 うすい水酸化ナトリウム水溶液にうすい塩酸を少しずつ加え，中性の水溶液にし，1～2滴(てき)をスライドガラスにとり，水分を蒸発させ，残った物質を顕微鏡(けんびきょう)で観察すると，四角の結晶(けっしょう)が見えた。次の問いに答えなさい。　(各5点×2　10点)

(1)　スライドガラスの上に残った物質の化学式を書きなさい。〔　　　　　〕

(2)　水溶液が中性になったときのイオンの状態を示している模式図を，右のア～エから選び，記号で答えなさい。〔　　〕

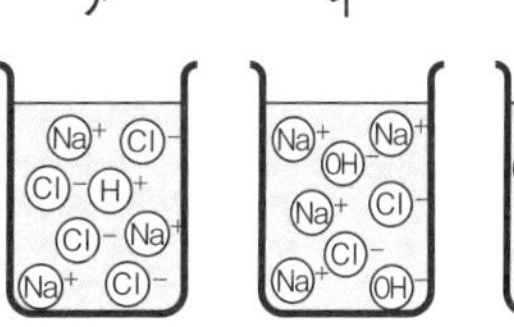

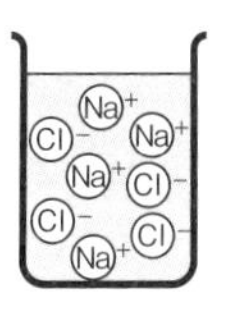

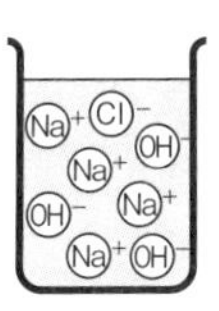

定期テスト対策問題(6)

1 図１は，水素原子とヘリウム原子のつくりを模式的に表したものである。これについて，次の問いに答えなさい。　(各６点×５　30点)

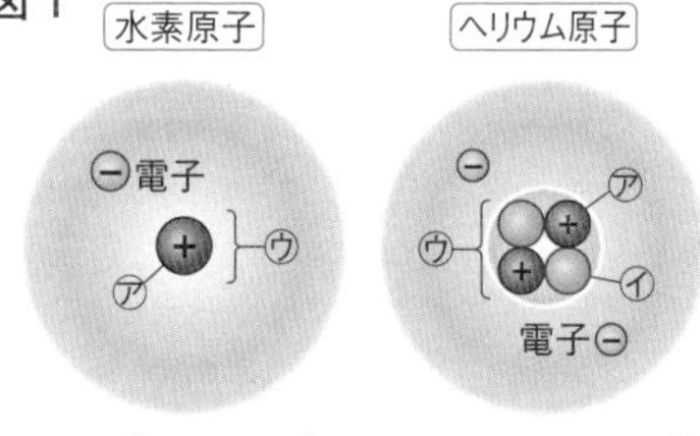

(1)　原子の中心にあるⓦは何を表しているか。

〔　　　　　〕

(2)　(1)を構成している，＋の電気をもつⓐと，電気をもたないⓘをそれぞれ何というか。

ⓐ〔　　　　　〕　ⓘ〔　　　　　〕

(3)　図１の水素原子とヘリウム原子は，電気的にどのような状態にあるか。次のア～ウから選び，記号で答えなさい。　〔　　　〕

ア　＋の電気をもつ状態　　イ　－の電気をもつ状態　　ウ　電気的に中性の状態

(4)　図２は，図１の水素原子とは異なり，ⓘを１個もつ重水素(じゅうすいそ)とよばれる原子である。このように，同じ元素でも，ⓘの数が異なる原子どうしを，何というか。　〔　　　　　〕

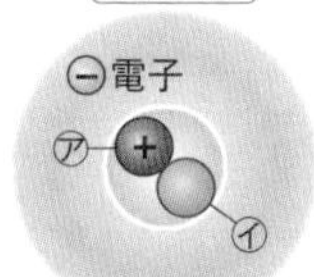

2 電池について，次の問いに答えなさい。　(各７点×５　35点)

(1)　図１のダニエル電池で，電子オルゴールを鳴らすには，電子オルゴールの＋極を，ⓐ，ⓘのどちらのクリップとつなげばよいか。

〔　　　〕

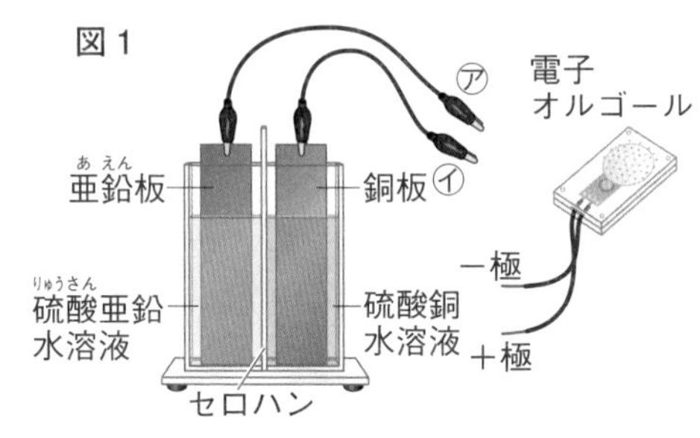

(2)　(1)で，亜鉛板と銅板の表面で起きている変化を，化学反応式で表しなさい。ただし，電子１個をe^-で表すものとする。

亜鉛板〔　　　　　　　　〕　銅板〔　　　　　　　　〕

(3)　図２のように，水を電気分解した後に，２つの電極と電子オルゴールをつないだところ，音が鳴った。このとき起こった化学変化を化学反応式で表しなさい。また，このような電池を何というか。

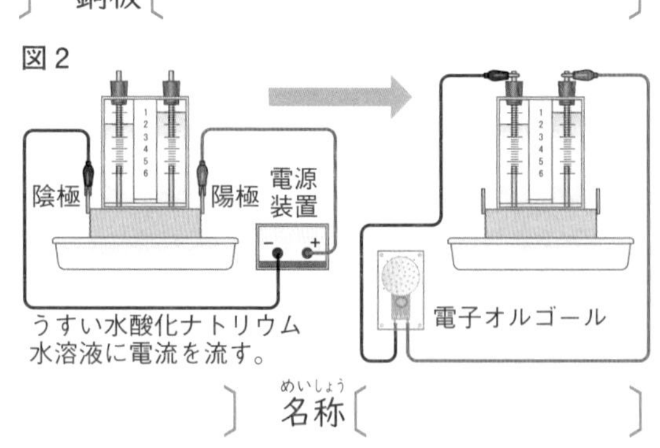

化学反応式〔　　　　　　　　〕　名称(めいしょう)〔　　　　　〕

学習日	得点
月　日	点

3 うすい硫酸とうすい水酸化バリウム水溶液について調べるため，実験１，２を行った。 これについて，次の問いに答えなさい。 （各５点×７ 35点）

〔実験１〕それぞれの水溶液の性質を調べ，表１のようにまとめた。

表１

	うすい硫酸	うすい水酸化バリウム水溶液
無色のフェノールフタレイン液を加えたときの色の変化	変化しなかった	A
緑色のBTB溶液を加えたときの色の変化	B	青色になった
赤色リトマス紙の色の変化	変化しなかった	青色になった
青色リトマス紙の色の変化	赤色になった	変化しなかった

〔実験２〕

❶うすい水酸化バリウム水溶液20cm^{3}を入れたビーカーに，うすい硫酸２cm^{3}を加えたところ，白い沈殿（ちんでん）が生じた。

❷生じた沈殿をろ過した後，ろ液に緑色のＢＴＢ溶液を２，３滴加えて，色の変化を調べた。

❸加えるうすい硫酸を，4cm^3，6cm^3，8cm^3，10cm^{3}と変えて，❷と同様の操作を行い，その結果を表２にまとめた。

表２

加えたうすい硫酸の体積〔cm^3〕	2	4	6	8	10
緑色のBTB溶液を加えたときの色の変化	青色になった			C	B

(1) 表1，表２のＡ～Ｃでは，異なる変化が見られた。あてはまる結果を，次のア～エからそれぞれ選び，記号で答えなさい。

Ａ〔　　〕 Ｂ〔　　〕 Ｃ〔　　〕

ア　黄色になった。　　イ　緑色になった。

ウ　青色になった。　　エ　赤色になった。

(2) **実験１**，**実験２**で，ＢＴＢ溶液と赤色リトマス紙を，それぞれ青色に変化させたイオンは何か。イオンを表す化学式で答えなさい。 〔　　〕

(3) **実験２**で生じた沈殿は何か。物質名で答えなさい。 〔　　〕

(4) **実験２**で起きた化学変化を，化学反応式で表しなさい。

〔　　〕

(5) 加えたうすい硫酸の体積と，混合液中の硫酸イオンの数の関係をグラフに表したものはどれか。右のア～エから選び，記号で答えなさい。 〔　　〕

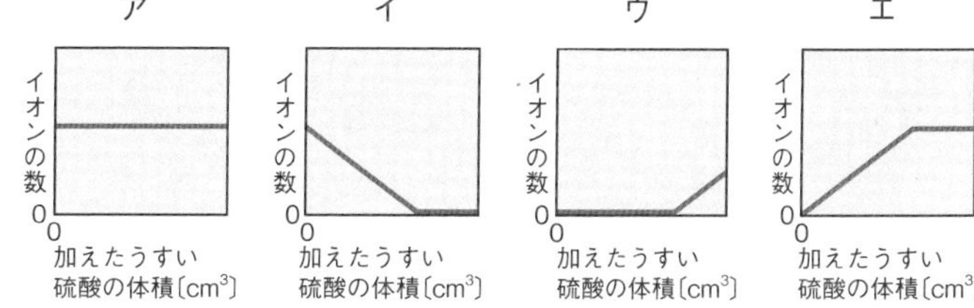

復習 小学校で学習した「人間と自然」

❶ 人間の生活と環境への影響

① 植物への影響

住宅を建てたり，紙の原料などに使ったりするために，木を大量に伐採する。

→森林が減少する。

② 水への影響

家庭や工場で使った水が川に流され，川や海の水が汚れる。

→生物がすめなくなる。

③ 空気への影響

石油や石炭が燃料として燃やされると，空気中の二酸化炭素が増える。

→平均気温が上がる。

❷ 環境を守る工夫

自然環境を守るために，いろいろな工夫がされている。

① 植物とのかかわり

・山に木を植えて，森林を育てる。

・再生紙を利用すると，森林を守ることになる。

② 水とのかかわり

・下水処理場で水をきれいにしてから，川に流す。

③ 空気とのかかわり

・二酸化炭素を出さない燃料電池自動車が開発されている。

・石油などを燃やすことなく，風や日光のはたらきで発電する（風力発電，太陽光発電）。

下水処理場

燃料電池自動車

復習ドリル

1 人間の生活と自然環境について，次の問いに答えなさい。

(1) 環境を守るために，わたしたちが身近でできることは何か。次のア～エから2つ選び，記号で答えなさい。
〔　　　〕〔　　　〕

ア　食器などを洗うときは，洗剤(せんざい)を多く使ってきれいに洗う。

イ　人のいない部屋の電灯や，見ていないテレビなどはこまめに消す。

ウ　夏，エアコンで部屋の温度を下げるときは，なるべく低い温度に設定する。

エ　川や川原のごみを掃除(そうじ)する活動に参加する。

(2) 紙は，木を原料としたパルプからつくられる。どんな紙を使うと，森林を守ることにつながるか。〔　　　〕

(3) 現在，開発されている排気(はいき)ガスを出さない自動車を何というか。〔　　　〕

2 次の文で，自然や環境を守るためにしている工夫には○，そうでないものには×を書きなさい。

① 〔　〕 電気はクリーンなエネルギーなので，石油や石炭を燃料として燃やす火力発電所を各地につくる。

② 〔　〕 紙の原料は，ほとんど海外から輸入した木材なので，紙でつくられたものをどんどん使ってよい。

③ 〔　〕 石油や石炭などの燃料を必要としない風力発電や太陽光発電を増やす。

④ 〔　〕 木を伐採した後の土地には，植林をして木を育成する。

⑤ 〔　〕 家庭で使った水や工場で使われた水は，下水処理場できれいにしてから川に流す。

思い出そう

◀なるべく使う洗剤を減らし，家庭排水による水質汚染(おせん)を防ぐ。

◀地球の環境を守るために，森林を保護する。

◀電気を使うことは，もとをたどると，石油や石炭を燃やすことになる。

◀新しい発電では，風力発電や太陽光発電などが多くなっている。

9章 科学技術と人間－1

❶ さまざまな物質の利用と変化

① **天然素材と人工素材**　わたしたちは，天然素材でできたものと，人工的に合成された物質を素材としたものを，用途に応じて使い分けている。
（天然素材：木，金属，粘土など。）
（人工的に合成された物質：おもに石油からつくられるプラスチックなど。）

② **繊維**　羊毛，絹，綿，麻など，天然素材からできている天然繊維と，おもに石油からつくる合成繊維がある。

③ **新素材**　これまでの材料にはない優れた性質をもつ材料が，科学技術の進歩により，次々と開発されている。

- **炭素繊維**…炭素からできた繊維。軽くてじょうぶ。（釣りざお，テニスラケットなど。）
- **形状記憶合金**…ある温度でもとの形にもどる合金。（眼鏡のフレームや歯科矯正のワイヤーなど。）
- **発光ダイオード**…少ない電力で発光する半導体。（照明，信号機など。）（半導体：導体と不導体の中間の性質。）

❷ プラスチックの性質

① **プラスチック**　おもに石油から人工的につくられた物質。

- 熱を加えると，成形や加工がしやすい。
- 軽くて柔軟性があり，衝撃に強く割れにくい。
- くさりにくく，さびない。
- 電気を通しにくい。

② **おもなプラスチックの性質**

種類	ポリエチレン(PE)	ポリエチレンテレフタラート(PET)	ポリプロピレン(PP)
おもな性質	軽くて加工しやすく，水や薬品に強い。	透明で,衝撃に強く,割れにくい。	強度があり，熱に強い。
おもな用途	ポリ袋など	ペットボトルなど	食品容器など
水に入れたときのようす	浮く	沈む	浮く

このほかに，燃えにくく薬品に強いポリ塩化ビニル（PVC），発泡材料になるポリスチレン（PS）などがある。

- **生分解性プラスチック**…地中の微生物によって分解される。
（一部のプラスチックを燃やすと，毒性の強い気体が発生する。）

覚えると得

合成繊維
ナイロン，アクリル，ポリエステルなど。

合金
数種類の金属を混合したもの。ステンレス合金など。

その他の新素材
超伝導物質…極めて低い温度にすると，抵抗が0になる物質。リニア中央新幹線のリニアモーターカーの超電導磁石に使われる。
吸水性ポリマー…紙おむつなどに使われている，高い吸水性をもつ高分子化合物。

プラスチックの種類と区別
プラスチックにはさまざまな種類があり，その特性に合わせて利用されている。また，密度などの性質のちがいで分別できる。

基本チェック

左の「学習の要点」を見て答えましょう。

学習日 月 日

① 次の文の〔 〕にあてはまることばを書きなさい。 チェック P.116 ❶

- 繊維には，羊毛や絹，綿や麻などの〔①　　〕と，おもに石油を原料にしてつくられる〔②　　〕がある。
- 新たな研究開発によってつくられた，これまでの材料にない優れた性質をもつ材料を〔③　　〕という。テニスラケットに使われている，炭素からできた軽くてじょうぶな〔④　　〕，変形しても，形を記憶させたときの温度で，再びもとの形にもどすことのできる〔⑤　　〕などがある。

② おもなプラスチックの性質について，次の文や表の〔 〕にあてはまることばを書きなさい。 チェック P.116 ❷

- プラスチックは，おもに〔①　　〕から人工的につくられた物質で，さまざまな種類があり，その特性に合わせて利用されている。
- プラスチックには，成形や〔②　　〕がしやすい，〔③　　〕て柔軟性がある，衝撃に〔④　　〕割れにくい，くさりにくく〔⑤　　〕，電気を通し〔⑥　　〕，などの性質がある。
- おもなプラスチックの性質を表にまとめると，次のようになる。

名称（めいしょう）	ポリエチレン	ポリエチレンテレフタラート	ポリプロピレン
略称	PE	〔⑦　　〕	〔⑧　　〕
おもな性質	・軽くて，加工しやすい。 ・水や〔⑨　　〕に強い。	〔⑩　　〕で，衝撃に強く，割れにくい。	・強度がある。 ・熱に強い。
おもな用途	〔⑪　　〕など。	〔⑫　　〕など。	〔⑬　　〕など。
水に入れたときのようす	〔⑭　　〕	〔⑮　　〕	〔⑯　　〕

9章 科学技術と人間－2

③ エネルギー資源と利用

① いろいろな発電

- **水力発電**…ダムにたまった水の位置エネルギーを運動エネルギーに変換して，タービンを回して発電する。
- **火力発電**…石油や石炭などの化石燃料を燃やすことで，高温・高圧の水蒸気をつくり，タービンを回して発電する。
  - →二酸化炭素や硫黄酸化物などが発生する。
- **原子力発電**…放射性物質が核分裂して出すエネルギーで水蒸気をつくり，タービンを回して発電する。
  - →ウラン。

② 再生可能エネルギー

再生可能エネルギー　水力，太陽光，風力，地熱などによる発電は，利用できる量に限りがなく，また，大気を汚す物質を出すこともない。

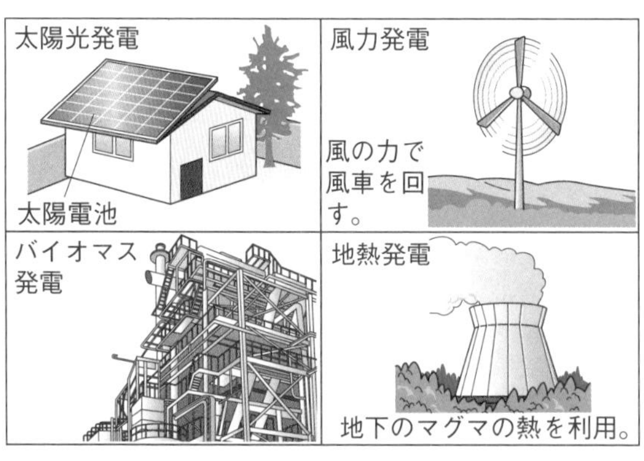

④ 熱の伝わり方と変換効率

① 熱の伝わり方

伝導，対流，放射の3つがある。

伝導
物体を伝わって，温度の高いほうから低いほうへ熱が伝わる。（例：金属を熱した場合。）

対流
水や空気などの熱せられた部分が移動して，全体があたたまる。（例：水を熱した場合）
放射
熱が赤外線に変わり，その赤外線が物体にあたって再び熱に変わることで熱が伝わる。（例：あたたかいものの近くに手をおいたときの熱の伝わり方）

② エネルギーの変換効率

エネルギーの変換効率　消費したエネルギーに対する，利用できるエネルギーの割合。エネルギーの変換では，エネルギーの一部が利用目的以外のエネルギーとなるため，エネルギーの利用効率を高める工夫が必要である。

覚えると得

それぞれの発電の問題点

水力発電…ダムをつくると，自然環境を大きく変えてしまう。

火力発電…地球温暖化。燃料に限りがある。

原子力発電…放射性物質を扱うので，管理が難しい。また，使用済みの核燃料も強い放射線を出す。

太陽光発電

光電池（太陽電池）で太陽光を受けて，光エネルギーを直接電気エネルギーに変換する。気象条件によって発電量が左右されるなどの改善されるべき問題点がある。

火力発電の変換効率

ガスと蒸気のタービンを組み合わせることで，エネルギー変換効率が50%をこえるものもある。

基本チェック

左の「学習の要点」を見て答えましょう。

学習日　　月　　日

③ エネルギー資源について，次の問いに答えなさい。

チェック P.118 ③

(1) 次のいろいろな発電について，〔　〕にあてはまることばを書きなさい。

- 水力発電は，ダムにたまった水の〔①　　〕エネルギーを〔②　　〕エネルギーに変換して，タービンを回して発電する。
- 火力発電は，石油や石炭などの〔③　　〕を燃やすことで，高温・高圧の水蒸気をつくり，タービンを回して発電する。
- 〔④　　〕発電は，放射性物質が核分裂して出すエネルギーで水蒸気をつくり，タービンを回して発電する。

(2) 次の問題点がある発電方法を，下の｛　｝の中から選んで書きなさい。

① 大気中に二酸化炭素を大量に排出(はいしゅつ)する。〔　　〕

② 放射性物質を扱うので，管理が難しい。〔　　〕

③ ダムをつくると，自然環境を大きく変えてしまう。〔　　〕

｛ 水力発電　火力発電　原子力発電 ｝

(3) 次のア～カから再生可能なエネルギー資源をすべて選び，記号で答えなさい。

ア 太陽光　イ 化石燃料　ウ 水力〔　　〕

エ 地熱　オ ウラン　カ 風力

(4) (3)は利用できる量に限りがあるか。〔　　〕

(5) (3)は大気を汚す物質を出すか。〔　　〕

④ 熱の伝わり方について，次の問いに答えなさい。

チェック P.118 ④

(1) 物体を伝わって，温度の高いほうから低いほうへ熱が伝わることを何というか。〔　　〕

(2) 水や空気などの熱せられた部分が移動して，全体に熱が伝わることを何というか。〔　　〕

(3) 熱が赤外線に変わり，その赤外線が物体にあたって再び熱に変わることで熱が伝わることを何というか。〔　　〕

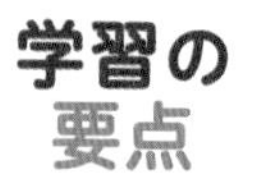

9章 科学技術と人間－3

5 放射線の性質と利用

① **放射線** 原子力発電の燃料となる放射性物質からは，放射線が出ている。放射線は，生物が大量に受けると健康被害が生じるが，厳重な管理のもとで医療や工業などの分野に活用できる。

（放射性物質…ウランなど。／放射線…α線，β線，γ線，中性子線など。）

- **自然放射線**…自然界に存在する放射線や，宇宙からの放射線。
  （自然界…岩石や大気中，食物中の放射性物質から放出。）
- **人工放射線**…人工的につくられた放射線。医療用のX線など。
- **被ばく**…放射線を受けること。被ばくした放射線量の人体に対する影響は，シーベルト（記号Sv）という単位で表される。

6 科学技術の進歩

① **情報・通信技術** 高度に発達した通信技術とコンピュータ技術は生活を便利にし，さまざまな分野の科学技術の進歩の支えとなっている。現在では，インターネットと，コンピュータ機能をもつ多機能携帯電話（スマートフォン）の普及が進み，いつでもどこでも誰とでも，情報の送受信が可能になった。また，膨大な情報をもとに問題の予測や判断など，人間の脳のように考えることができるAI（人工知能）や，コンピュータがつくり出した人工的な環境を，現実として認識させるVR（仮想現実）の技術も研究が進んでいる。

（通信技術…有線通信から電波による無線通信，光通信などへ発展。／多機能携帯電話…リチウムイオン電池の発明による小型化が進んだ。）

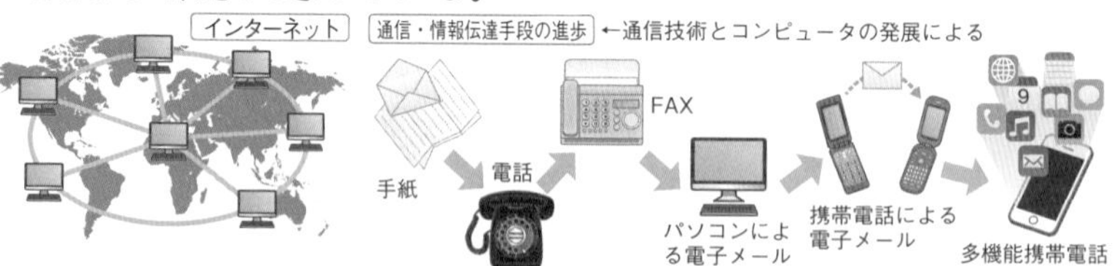

② **交通機関** 動力源の進歩によって高速化が進み，排出ガスによる大気汚染防止や，二酸化炭素排出による地球温暖化防止など，化石燃料ではない環境に配慮した動力源の開発が進んでいる。

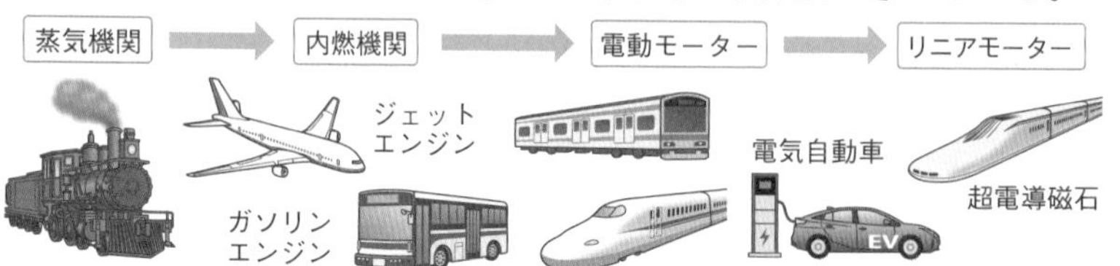

覚えると得

放射線の利用
医療（X線によるCT検査など），工業（ものを壊さないで内部を調べるなど）…放射線が物質を通りぬける性質を利用。

被ばく
外部被ばくと，体内にとりこんだ放射性物質からの被ばくの内部被ばくがある。

インターネット
全世界の膨大な数のコンピュータや通信機器をつないだ巨大なコンピュータネットワーク。

持続可能な社会
科学技術の進歩は，豊かで便利な日常生活をもたらすが，今後もこの生活を持続させるためには，環境との調和を図りながら，限りある資源の保全や循環（リサイクルなど）につとめる必要がある。

基本チェック

左の「学習の要点」を見て答えましょう。

学習日 月 日

5 放射線について，次の文の〔 〕にあてはまることばを書きなさい。

チェック P.120 5

- 原子力発電の燃料のウランなど，放射線を出す物質のことを〔① 〕といい，α線，β線，γ線，〔② 〕，X線がある。
- 放射線は，宇宙からも微量ながら降り注いでおり，岩石や大気中，食物などからも微量に放出されている。これを〔③ 〕という。③に対して，レントゲン撮影や手荷物検査で使われるX線のように，人工的につくられる放射線を〔④ 〕という。
- 放射線を受けることを〔⑤ 〕といい，大地や大気中の放射性物質からの⑤を〔⑥ 〕，体内にとり込んだ放射性物質からの⑤を〔⑦ 〕という。
- 放射線を大量に受けると，健康被害が生じる場合があるため，厳重な管理のもと取り扱われる必要がある。放射線が人体に与える影響の度合いを示す単位は〔⑧ 〕(記号Sv)である。

6 科学技術の進歩について，次の問いに答えなさい。

チェック P.120 6

(1) コンピュータどうしを相互につないだ全世界的なネットワーク網を何というか。 〔 〕

(2) 膨大な情報を解析し，問題の予測や判断など，人間の知的行動の代行機能をもつコンピュータシステムを何というか。 〔 〕

(3) コンピュータがつくり出した人工的な環境を，現実として認識させる技術を何というか。 〔 〕

(4) 超電導磁石を応用して高速化を目指している交通機関を何というか。 〔 〕

基本ドリル 9章 科学技術と人間

1 下の表は，代表的なプラスチックの性質をまとめたものである。これについて，次の問いに答えなさい。

チェック P.116 ❷ (各7点×5 35点)

種類	ポリエチレン	ポリエチレンテレフタラート	ポリプロピレン
おもな性質	軽くて加工しやすく，水や薬品に強い。	透明(とうめい)で，衝撃(しょうげき)に強く，割れにくい。	強度があり，熱に強い。

(1) 衝撃に強く，割れにくいため，ペットボトルなどに利用されているプラスチックはどれか。〔　　　〕

(2) 軽くて加工しやすく，水や薬品に強いため，ポリ袋(ぶくろ)などに利用されているプラスチックはどれか。〔　　　〕

(3) ポリスチレンというプラスチックは，略称(りゃくしょう)でPSと書く。同じように，次のように表すプラスチックの種類を，上の表から選んで書きなさい。

① PET〔　　　〕

② PP〔　　　〕

③ PE〔　　　〕

2 わたしたちは，生活の中で電気エネルギーを多く利用している。この電気エネルギーは，発電所から送電線などで供給されている。次の問いに答えなさい。

チェック P.118 ❸ (各5点×4 20点)

(1) 水力発電は，ダムにたまった水が流れ落ち，発電機のタービンを回す。このとき，エネルギーは何から何へ移り変わったか。

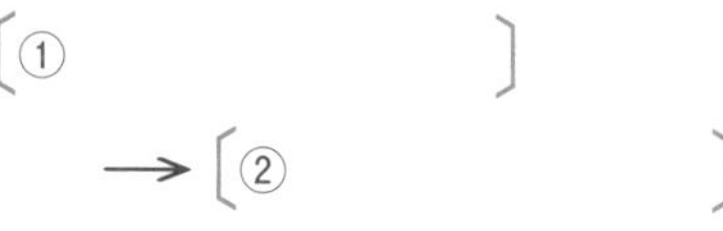

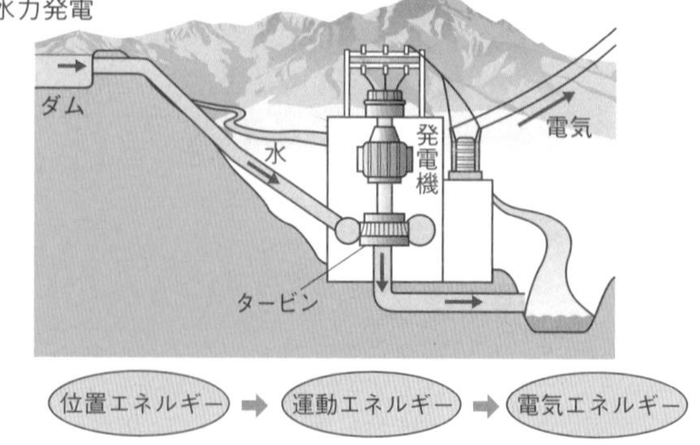

(2) 火力発電は，石油や天然ガスを燃やして得た熱エネルギーで何をつくり，発電機のタービンを回して電気をとり出しているか。　〔　　　　　〕

(3) 原子力発電は，何が核分裂して出すエネルギーで，高温の水蒸気をつくってタービンを回して発電しているか。　〔　　　　　〕

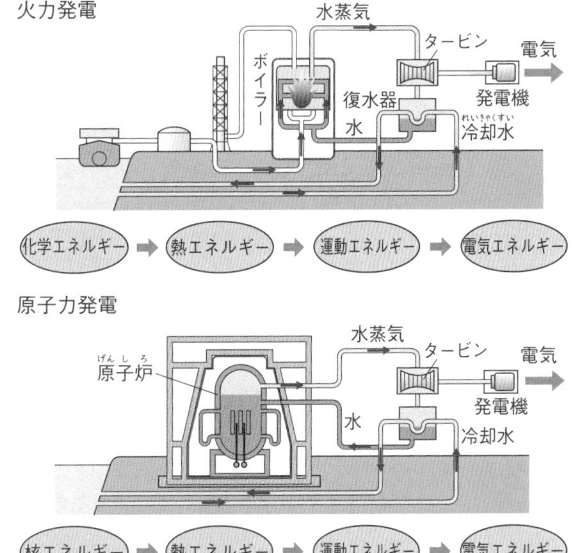

3 次のような熱の伝わり方は，伝導，対流，放射のうちのどれか。

チェック P.118 4 (各7点×3　21点)

① 物体を伝わって，温度の高いほうから低いほうへ熱が伝わる伝わり方。　〔　　　　　〕

② 水や空気などの熱せられた部分が移動して，全体があたたまる熱の伝わり方。　〔　　　　　〕

③ 熱が赤外線などに変わり，それが物体にあたって再び熱に変わることで熱が伝わる伝わり方。　〔　　　　　〕

4 次の文の〔　　〕にあてはまることばを，下の｛　　｝の中から選んで書きなさい。

チェック P.120 5 (各8点×3　24点)

〔①　　　　　〕発電の燃料となるウランなどの放射性物質からは，〔②　　　　　〕が出ている。②は，生物が大量に受けると〔③　　　　　〕が生じるが，厳重に管理することによって，医療や工業などさまざまな分野に活用することができる。

｛ 火力　原子力　放射線　熱　成長　健康被害 ｝

単元4 科学技術と人間

練習ドリル 9章 科学技術と人間

1 発電に利用されているおもなエネルギー資源について，次の問いに答えなさい。

（各5点×6 **30**点）

(1) 水力発電では，大気汚染につながる気体の発生があるか。〔　　　　〕

(2) 太陽光や風力，地熱など，何度もくり返し利用できるエネルギーを何というか。

〔　　　　〕

(3) 火力発電で使われる石油や石炭などの燃料を何というか。〔　　　　〕

(4) 石油や石炭を燃やすことで発生する温室効果ガスは何か。

〔　　　　〕

(5) 原子力発電について述べた，次の文の〔　　〕にあてはまることばを書きなさい。

原子力発電では，〔① 　　　　〕などの放射性物質を燃料としている。使用済みの〔② 　　　　〕も放射線を出すので，安全に管理する必要がある。

2 右の図は，従来の発電システムで発生させた熱エネルギーが，電気エネルギーとして利用されるまでに，どれくらいのエネルギーが失われてしまうのかを表している。発電所で最初につくられた熱エネルギーの量を100とすると，途中で失われてしまうエネルギーの大きさはいくらか。

発電所で，最初に
つくられた熱エネルギー
100
利用できない
熱 61
送電・変電にともなう
損失 5
利用される
電気エネルギー 34

（**6**点）〔　　　　〕

3 次のような熱の伝わり方は，伝導，対流，放射のうちのどれか。

（各5点×3 **15**点）

① 火にかけた鍋の中の，みそ汁全体があたたまる。〔　　　　〕

② たき火の近くに行くと，あたたかい。〔　　　　〕

③ 火にかけたフライパンの，全体があたたまる。〔　　　　〕

1 (1)水力発電は環境に悪影響のあるものは排出されないが，立地条件に問題点がある。 (4)化石燃料を燃やすことで，いろいろな酸化物が排出される。

2 利用できない熱と，送電・変電にともなう損失の和になる。

学習日　月　日　得点　点

4 プラスチックについて，次の問いに答えなさい。　（各6点×4　24点）

(1)　プラスチックは，おもに何からつくられた物質か。　［　　　］

(2)　プラスチックを燃やしたところ，二酸化炭素が発生した。このことからプラスチックは有機物，無機物のどちらだとわかるか。　［　　　］

(3)　水への浮き沈み（しず）を利用してプラスチックを分別することができる。ポリエチレン，ポリエチレンテレフタラート，ポリプロピレンのうち，水に沈むものはどれか。　［　　　］

(4)　焼却できないごみはうめ立て地に捨ててきた。しかし，これには限界がある。このため，新たに土の中の微生物（びせいぶつ）が分解できるプラスチックが開発された。このようなプラスチックを何というか。　［　　　］

5 科学技術の進歩によって，現在では，天然素材にはない，さまざまな優れた性質をもつ人工的な材料が開発されている。これについて，次の問いに答えなさい。　（各5点×5　25点）

(1)　羊毛や絹からできる繊維（せんい）を何というか。　［　　　］

(2)　(1)に対して，ナイロン，ポリエステルなど，おもに石油を原料として人工的につくられる繊維を何というか。　［　　　］

(3)　下線部について，次の①～③の特徴（とくちょう）をもつ材料名を，下の｛　　｝の中から選んで書きなさい。

①　消費電力が小さく，照明器具や信号機で使われている。　［　　　］

②　高い吸水力をもち，紙おむつなどに使われている。　［　　　］

③　変形しても，ある温度でもとの形にもどる金属の混合物。　［　　　］

｛　炭素繊維　　形状記憶合金　　発光ダイオード　　吸水性ポリマー　｝

4 (1)さまざまな種類のプラスチックがあるが，プラスチックの原料は，どれもおもに石油である。

(4)土の中にいる微生物によって，自然に分解するプラスチックである。

発展ドリル 9章 科学技術と人間

1 右の図は，水力発電とエネルギーの移り変わりを，模式的に示したものである。次の問いに答えなさい。

(各8点×4 32点)

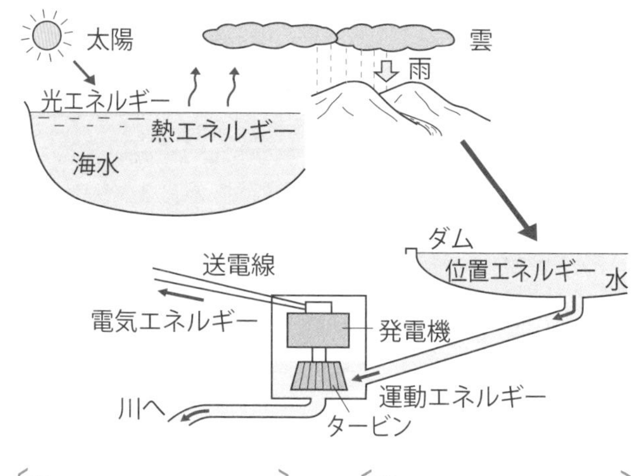

(1) 発電機のタービンを回すのは，ダムの水のもつ何エネルギーが水路を落ちて何エネルギーになるからか。

〔① 〕→〔② 〕

(2) 水路を落ちた水は発電機のタービンを回す。これによって何エネルギーが生じるか。

〔 〕

(3) ダムにたまる水のエネルギーのもとは，海に流れ出た水を蒸発させ，雲をつくり，雨を降らせたものである。このエネルギーは何から得られたものか。

〔 〕

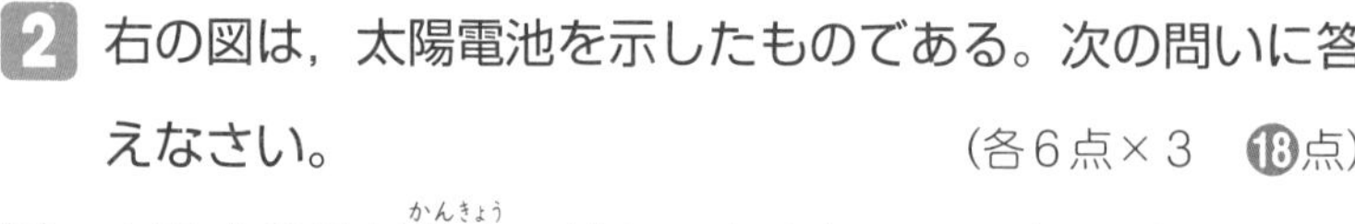

2 右の図は，太陽電池を示したものである。次の問いに答えなさい。

(各6点×3 18点)

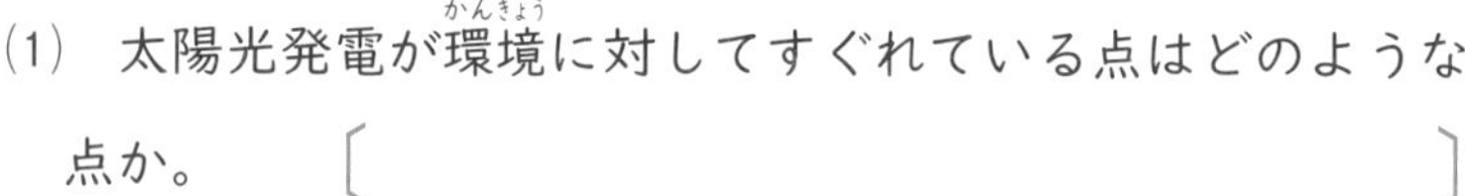

(1) 太陽光発電が環境(かんきょう)に対してすぐれている点はどのような点か。 〔 〕

(2) 太陽光発電には，エネルギーが効率的に変換(へんかん)されないなどの問題点がある。ほかに考えられる問題点は何か。簡単に答えなさい。

〔 〕

(3) 環境を汚(よご)すおそれのない自然エネルギーを利用した発電方法には，ほかにどのようなものがあるか。 〔 〕

得点UPコーチ

1 (3)太陽の光エネルギーが熱エネルギーに変わって，海水をあたためたといえる。

2 太陽光発電は，環境にやさしいが，気象条件に左右されるなどの問題点がある。

学習日　　月　　日　得点　　点

3 次のような熱の伝わり方を何というか。それぞれ書きなさい。

(各6点×3　18点)

① 鉄の棒の一端(いったん)を熱すると，やがてもう一端も熱くなる。〔　　　〕

② ビーカーに，おがくずを入れた水を入れてガスバーナーで加熱すると，水が動いているようすが観察でき，水全体があたたかくなった。〔　　　〕

③ たき火の近くに立っていたら，熱が伝わってきた。〔　　　〕

4 右の図は，火力発電所から家庭に電気が送られるまでのエネルギーの移り変わりを表したものである。次の問いに答えなさい。

(各8点×4　32点)

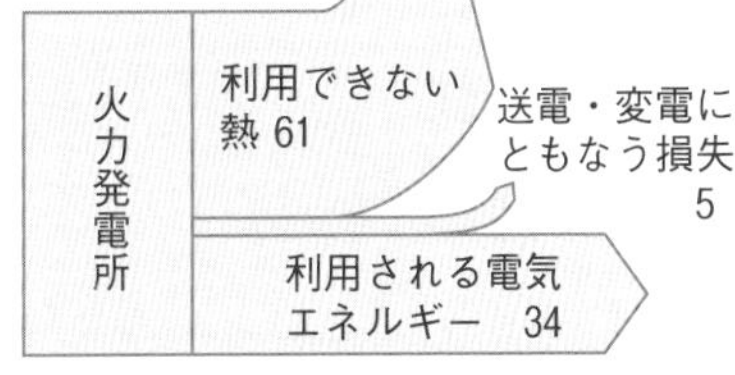

(1) 火力発電所で石炭や石油などを燃やして得られたエネルギーを100と考えたとき，家庭で利用できる電気エネルギーが34になってしまうのはどうしてか。次のア～エから最も適当なものを選び，記号で答えなさい。〔　　　〕

ア　エネルギーは，時間がたつと自然に減少していくから。

イ　発電所や送電の途中(とちゅう)で，熱エネルギーとして空気中などに出てしまうから。

ウ　家庭に届いた電気エネルギーの半分以上は，利用することはできないから。

エ　発電所や送電線に，電気エネルギーがたまってしまうから。

(2) エネルギーが移り変わってもその総量は変わらないが，移り変わるにつれ，わたしたちが利用可能なエネルギーの量はどうなっていくか。〔　　　〕

(3) 発電の方法には，石油や石炭を燃料とする火力発電のほかに，ウランを燃料とする発電方法もある。この発電方法を何というか。〔　　　〕

(4) (3)の発電の燃料となるウランからは放射線が出ている。このような物質を総称(そうしょう)して何というか。〔　　　〕

3 ①金属は，伝導によって熱を伝える。
②液体は，対流によって熱が全体に伝わる。

4 (1)導線に電流を流すと，導線が熱くなることから考える。

まとめのドリル 単元4

科学技術と人間

1 ポリエチレン，ポリエチレンテレフタラート，ポリプロピレンについて，次の問いに答えなさい。

(各5点×6 30点)

(1) それぞれのプラスチックの略称(りゃくしょう)を書きなさい。

① ポリエチレン 〔　　〕

② ポリエチレンテレフタラート 〔　　〕

③ ポリプロピレン 〔　　〕

(2) ポリエチレンテレフタラートを使ってつくる，飲みものなどの容器を何というか。

〔　　〕

(3) 軽くて加工しやすく，水にも強いため，レジ袋(ぶくろ)によく使われているプラスチックは3つのうちどれか。 〔　　〕

(4) 3つのプラスチックのうち，水に入れると沈(しず)むものはどれか。

〔　　〕

2 右の図は，火力発電のしくみを簡単に示したものである。次の問いに答えなさい。

(各7点×4 28点)

(1) 火力発電は，石油や石炭などを燃やして得た熱エネルギーで水蒸気をつくり，発電機のタービンを回す。石油などの物質がもつエネルギーを何というか。 〔　　〕

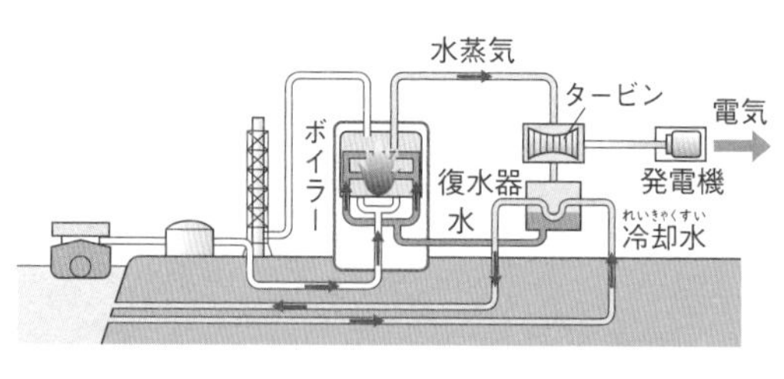

(2) 石油や石炭は太古の生物の遺骸(いがい)である。このような燃料を何というか。

〔　　〕

(3) 石油や石炭などが燃焼したとき，炭素分が酸化して発生する温室効果ガスを何というか。 〔　　〕

得点UPコーチ

1 (1)英語で表記したときの頭文字である。 (4)水に沈む物質は，水よりも密度が大きい。

2 (2)石油や石炭などは，資源に限りがある。 (3)炭素が酸化する。化学反応式では，$C + O_2 \longrightarrow CO_2$

学習日　月　日　得点　点

(4) (3)の気体が増加することは，地球の平均気温にどのような影響(えいきょう)があると考えられるか。 〔　　　　〕

❸ 右の図は，発電所でのコジェネレーションシステムを，模式的に表したものである。次の問いに答えなさい。

(各６点×３　⑱点)

燃料 100
発電機
送電・変電にともなう損失 5
利用される電気エネルギー①
熱 61
廃熱(はいねつ)回収装置
有効に使う熱 ②
従来は失われていた熱
利用できない熱 20
熱交換器(ねつこうかんき)
温水
給湯
暖房
吸収式冷凍機(れいとうき)
冷水
冷房

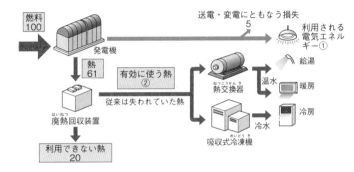

(1) 燃料がもっていたエネルギーの大きさを100とすると，図の①，②にあてはまるエネルギーの大きさは，それぞれいくらか。

①〔　　　　〕　②〔　　　　〕

(2) このしくみは，何の効率を高めるためのものか。〔　　　　〕

❹ 新しい発電方法について，次の問いに答えなさい。

(各６点×４　㉔点)

(1) 地熱発電は，地下の何の熱を利用して水蒸気をつくり，タービンを回すか。

〔　　　　〕

(2) 太陽光発電は，何エネルギーを直接電気エネルギーに変換するか。

〔　　　　〕

(3) 地熱発電や太陽光発電が環境(かんきょう)面ですぐれている点を述べなさい。

〔　　　　〕

(4) 地熱発電や太陽光発電のように，くり返し利用できるエネルギーを用いた発電方法を，１つあげなさい。 〔　　　　〕

❸ コジェネレーションシステムは，エネルギーを効率よく利用するしくみとして期待されている。

❹ (4)太陽の光や熱，風など，地球の活動などが生み出すエネルギーを利用する発電である。

定期テスト対策問題(7)

1 次の表は，代表的なプラスチックの性質などをまとめたものである。これについて，次の問いに答えなさい。　　(各6点×6　36点)

種類	ポリエチレン	ポリエチレンテレフタラート	ポリプロピレン
おもな性質	軽くて加工しやすく，〔①　　〕や薬品に強い。	透明(とうめい)で，衝撃(しょうげき)に〔②　　〕，割れにくい。	強度があり，熱に強い。
水に入れたときのようす	水に浮(う)く。	水に沈(しず)む。	水に〔③　　〕。

(1) 表の〔　〕にあてはまることばを書きなさい。

(2) 表のプラスチックは，その性質を利用して，どのような製品に使われているか。その例をそれぞれ書きなさい。

① ポリエチレン〔　　〕
② ポリエチレンテレフタラート〔　　〕
③ ポリプロピレン〔　　〕

2 右の図は，水力発電のようすを示したものである。次の問いに答えなさい。

(各6点×4　24点)

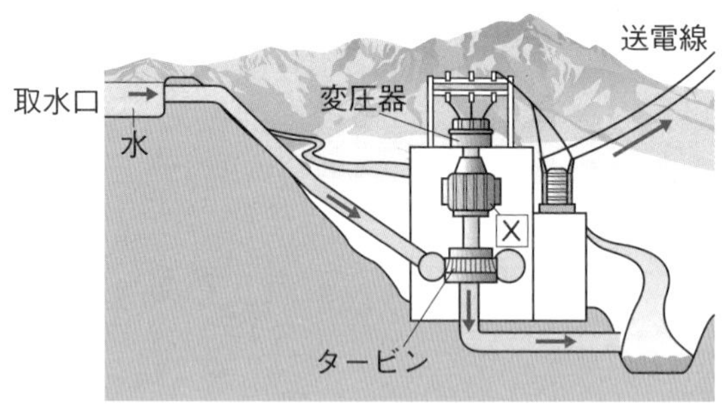

(1) 水力発電では，ダムにある水が取水口から落下することで，タービンを回す。ダムにある水がもっているエネルギーは何エネルギーか。〔　　〕

(2) 水が落下することでタービンを回し，電気をとり出している器具Xは何か。

〔　　〕

(3) ダムにある水がもっていた(1)のエネルギーは，タービンと(2)の器具Xによって，それぞれ何エネルギーに移り変わっているか。

タービン〔　　〕　器具X〔　　〕

学習日　　月　日　得点　　点

3 通信技術やコンピュータの目覚ましい進歩により，わたしたちの生活は便利になった。㋐全世界のコンピュータが相互（そうご）につながった巨大なネットワークが構築されたことで，必要な情報を瞬時（しゅんじ）に入手できるようになった。また，コンピュータの軽量小型化と㋑電池の小型化，タッチパネルの開発によって，スマートフォンが広く普及（ふきゅう）した。これについて，次の問いに答えなさい。（各5点×2　10点）

(1) 下線部㋐を何というか。〔　　　　〕

(2) 下線部㋑の電池は，携帯電話の小型化に貢献（こうけん）しただけでなく，充電（じゅうでん）することでくり返し使用できる。この電池の名称（めいしょう）を答えなさい。

〔　　　　〕

4 コンピュータ技術は，さまざまな分野で活用されている。高度な画像解析（かいせき）技術の発達により，医療（いりょう）分野では，㋐X線を使ったCT検査において病気の早期発見，治療が可能になった。また，㋑人間の知的機能を代行するコンピュータシステムが開発され，活用されている。さらに，交通事故防止のため，㋒自動車に搭載（とうさい）される衝突回避（しょうとつかいひ）支援システムの開発なども進んでいる。これについて，次の問いに答えなさい（各6点×5　30点）

(1) 下線部㋐について，次の①，②に答えなさい。

① 医療用のX線のような人工放射線に対して，岩石や大気中に微量（びりょう）にふくまれる放射性物質から放出される放射線を何というか。〔　　　　〕

② CT検査は放射線のどのような性質を利用しているか。

〔　　　　〕

(2) 下線部㋑を何というか。〔　　　　〕

(3) 下線部㋒の自動車について，次の文の〔　〕にあてはまることばを書きなさい。

ガソリンエンジンと電気モーターの2つを搭載したハイブリッド自動車は，必要なガソリンの量を大幅（おおはば）に少なくすることができる。そのため，排出（はいしゅつ）ガスによる〔①　　　　〕防止や，二酸化炭素排出による〔②　　　　〕防止などが期待できる。

中学の理科 分野のまとめテスト(1)

1 下の実験１～３について，次の問いに答えなさい。〈岐阜県〉

（各８点×５　40点）

〔実験１〕図１のように，塩化アンモニウムと水酸化カルシウムを混ぜたものを，かわいた試験管Ⅰに入れ，加熱すると，激しく鼻をさす特有のにおいがする気体Ａが発生したので，それをかわいた試験管Ⅱに集めた。さらに，水でぬらしたリトマス紙を近づけて色の変化を観察した。

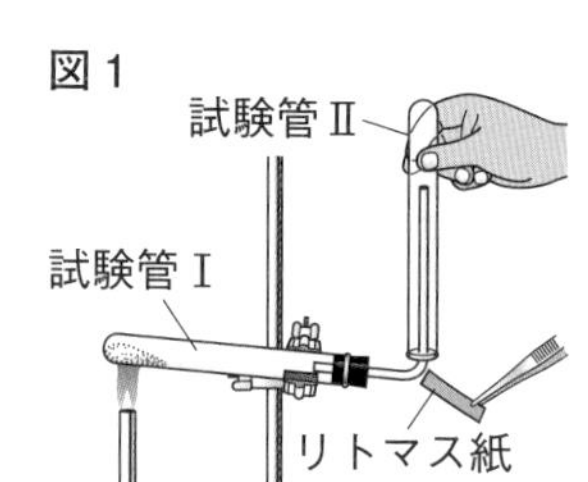

〔実験２〕図２のように，三角フラスコに二酸化マンガンを入れ，オキシドールを加えると，気体Ｂが発生したので，それを集気びんに集めた。次に集めた気体Ｂの中へ，図３のように火のついた木炭を入れると，激しく燃えて灰が少し残った。燃焼後，この集気びんの中に石灰水を入れて少しふると，白くにごったことから，気体Ｃができたことがわかった。

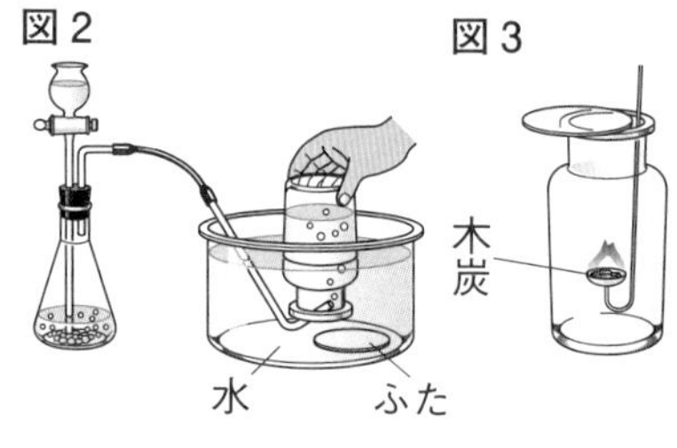

図４　図５　ロウソク

〔実験３〕図４のように，三角フラスコに石灰石を入れ，そこへうすい塩酸を加えると，気体Ｄが発生したので，それを集気びんに集めた。次に，集めた気体Ｄの中に火のついたロウソクを入れると，図５のようにロウソクの火が消えた。

(1)　気体Ａを図１のように，上方置換で集める理由を答えなさい。

〔　　　　　　　　　　　　〕

(2)　発生した気体Ａに，水でぬらした赤色と青色のリトマス紙をそれぞれ近づけると，一方は色が変化した。変色したリトマス紙は，何色から何色になったか。

〔　　　　　　　〕

(3)　実験１で発生した気体Ａは何か。気体名を答えなさい。〔　　　　〕

(4)　気体Ｂの中で，木炭が燃えて気体Ｃができる化学変化を化学反応式で書きなさい。

〔　　　　　　　〕

(5)　気体Ａ～Ｃの中で，気体Ｄと同じ気体はどれか。〔　　　〕

学習日　月　日　得点　点

2 図1のような装置で，なつめ電球と凸(とつ)レンズの間の距離(きょり)をいろいろ変えて，ついたてにできるなつめ電球の像の観察を3回行った。次の表は，このときのレンズから像までの距離と，ついたて上の像の大きさを測定した結果である。なお，使用したなつめ電球の大きさは，3.0㎝である。次の問いに答えなさい。〈佐賀県〉

(各9点×4　36点)

表

実験の回数	1回目	2回目	3回目
レンズから像までの距離〔cm〕	14.8	20.0	30.0
なつめ電球の像の大きさ〔cm〕	1.5	3.0	6.1

図1

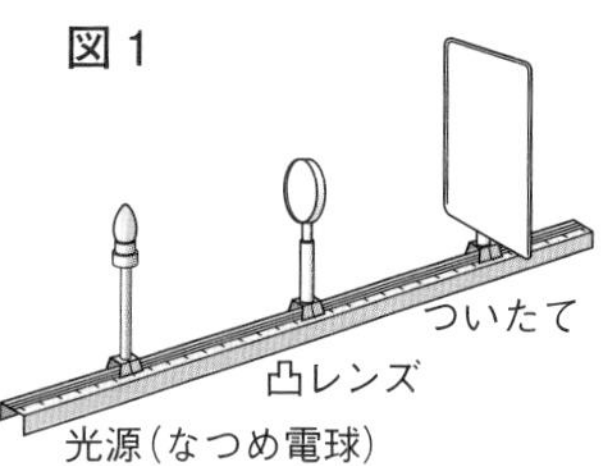

(1) 図2の光の道すじa，bの続きをかいて，ついたて上にできた像を作図しなさい。ただし，図中の●はレンズの焦(しょう)点(てん)の位置を表す。

図2

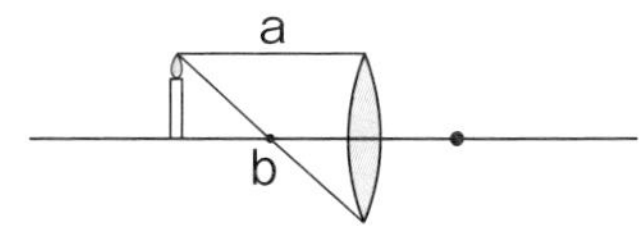

(2) 光源を凸レンズから遠ざけていくと，凸レンズから像までの距離と像の大きさはどうなるか。次の文の〔　〕にあてはまることばを書きなさい。

凸レンズから像までの距離は〔①　　〕なり，像の大きさは〔②　　〕なる。

(3) この凸レンズの焦点距離は何㎝か。

〔　　〕

3 硫酸(りゅうさん)に水酸化バリウム水溶液(すいようえき)を加えていくと，白い沈殿物(ちんでんぶつ)が生じた。次の問いに答えなさい。

(各6点×4　24点)

(1) 白い沈殿物が生じたのは，何という反応が起こったからか。

〔　　〕

(2) この白い沈殿物は何か。物質名を答えなさい。

〔　　〕

(3) (1)の変化は，水溶液の性質がどうなるまで続くか。

〔　　〕

(4) このときの化学変化を化学反応式で書きなさい。

〔　　〕

中学の理科 分野のまとめテスト(2)

1 図1のようにステンレス皿に銅粉をうすく広げ，空気中で加熱して完全に酸化させた。酸化の前後で質量の変化を調べると，表のような結果になった。次の問いに答えなさい。〈長崎県〉 (各6点×3 18点)

表

銅の質量〔g〕	0.4	0.8	1.2	1.6
酸化銅の質量〔g〕	0.5	1.0	1.5	2.0

(1) 銅の粉末1.0 gを完全に酸化させた場合，酸化銅は何gできるか。表をもとに計算しなさい。〔　　　〕

(2) 銅と酸素が反応して，酸化銅ができるときの化学変化を化学反応式で書きなさい。〔　　　〕

(3) 表をもとに，銅の質量と銅と反応した酸素の質量の関係を表すグラフを，図2にかき入れなさい。

2 図1は，台車を斜面(しゃめん)上で静かにはなして，台車が斜面を下り，水平面上に固定された実験器のくいに衝突(しょうとつ)し，くいが打ちこまれるようすを示したものである。次の問いに答えなさい。ただし，摩擦(まさつ)や空気抵抗(ていこう)は考えないものとする。〈沖縄県改題〉 (各6点×8 48点)

(1) 図1の斜面の傾(かたむ)きを大きくして台車を静かにはなすと，台車の速さの変わり方（ふえ方）は，もとの斜面と比べてどうなるか。

〔　　　〕

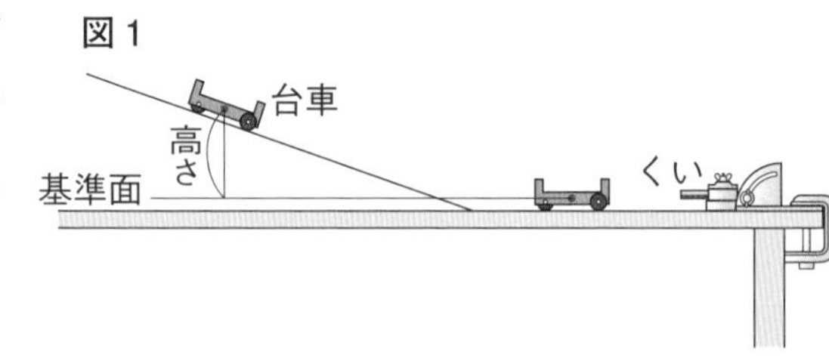

(2) 水平面上では，台車はくいにぶつかるまで，動いている方向に力がはたらいていなかった。台車の速さはどのように変化するか。〔　　　〕

(3) (2)のような一直線上の運動を何というか。〔　　　〕

(4) 台車が水平面を走っているとき，0.1秒ごとに4.0 cm進んだとすると，台車の速さは何cm/sか。〔　　　〕

〔実験〕台車の質量と，はなす高さをいろいろ変え，台車を静かにはなし，くいが打ちこまれる長さを調べた。図２は，その結果をグラフにまとめたものである。

図２

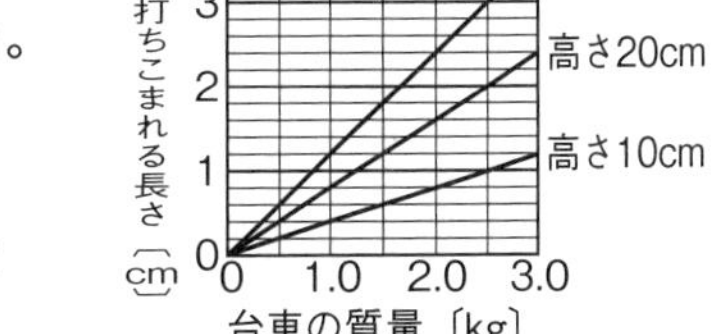

(5) 図２より，質量1.5kgの台車を高さ20cmから静かにはなすと，くいは何cm打ちこまれるか。

〔　　　　〕

図３

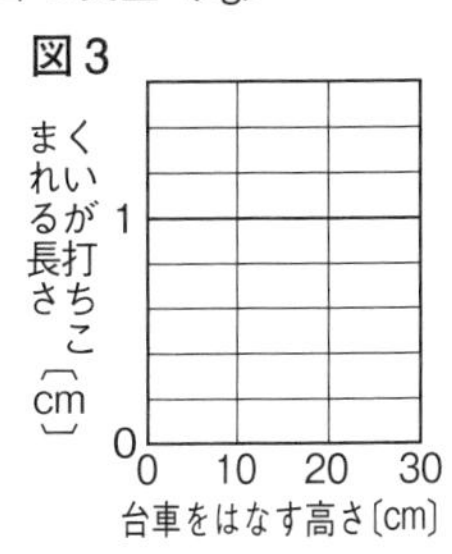

(6) 質量1.0kgの台車を，高さをいろいろ変えて静かにはなす。台車をはなす高さと，くいが打ちこまれる長さをグラフに表すとどうなるか。図２を参考にして，右の図３にかきなさい。

(7) 図２，図３より台車のもつ位置エネルギーの大きさは，台車の質量やはなす高さとどのような関係があるか。次の文の〔　〕にあてはまることばを書きなさい。

位置エネルギーの大きさは，台車の質量が大きいほど〔①　　　　〕なり，台車をはなす高さが高いほど〔②　　　　〕なる。

3 右の図のように，真空放電を行った。次の問いに答えなさい。　(各６点×３　18点)

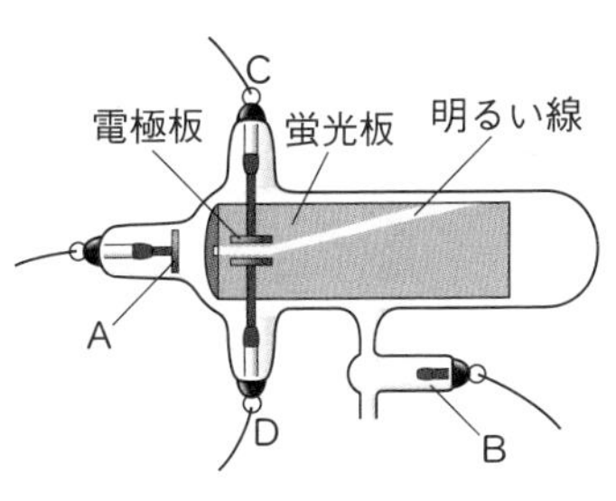

(1) 放電が起こると，蛍光板(けいこうばん)に明るい線ができた。これは，電極Ａから何という粒子(りゅうし)がとび出したためか。

〔　　　　〕

(2) 電極Ａ，Ｂのうち，－極はどちらか。〔　　　　〕

(3) 図で，明るい線が上に曲がっていることから，電極Ｃは＋極，－極のどちらだと考えられるか。〔　　　　〕

4 ある電熱線に100Ｖの電圧を加えると，5.0Ａの電流が流れた。次の問いに答えなさい。　(各８点×２　16点)

(1) この電熱線に100Vの電圧を加えると，消費する電力は何Wか。〔　　　　〕

(2) この電熱線に100Vの電圧を加えて30秒間電流を流した。このとき発生する熱量は何Jか。〔　　　　〕

「中学基礎100」アプリ テスト前 5科4択 で,
スキマ時間にもテスト対策!

問題集

アプリ

日常学習
テスト1週間前

『中学基礎がため100%』
シリーズに取り組む!

定期テスト直前!

テスト必出問題を
「4択問題アプリ」で
チェック!

アプリの特長

『中学基礎がため100%』の
5教科各単元に
それぞれ対応したコンテンツ!
*ご購入の問題集に対応した
コンテンツのみ使用できます。

テストに出る重要問題を
4択問題でサクサク復習!

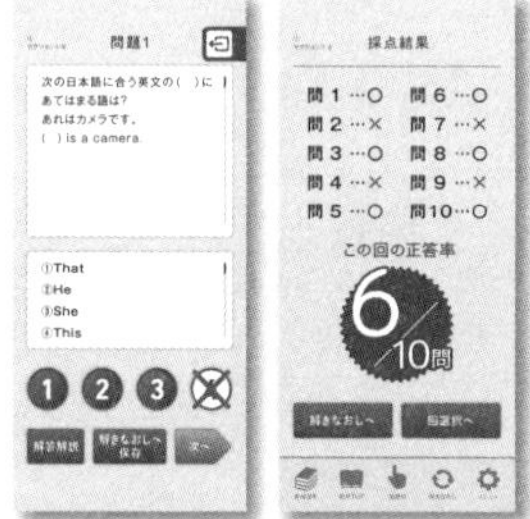

間違えた問題は「解きなおし」で,
何度でもチャレンジ。
テストまでに100点にしよう!

*アプリのダウンロード方法は,本書のカバーそで(表紙を開いたところ),または1ページ目をご参照ください。

中学基礎がため100%
できた! 中3理科
物質・エネルギー(1分野)

2021年3月　第1版第1刷発行
2023年4月　第1版第2刷発行

発行人/志村直人
発行所/株式会社くもん出版
〒141-8488
東京都品川区東五反田2−10−2　東五反田スクエア11F
☎ 代表　03(6836)0301
編集直通　03(6836)0317
営業直通　03(6836)0305

印刷・製本/株式会社精興社

デザイン/佐藤亜沙美(サトウサンカイ)
カバーイラスト/いつか
本文イラスト/塚越勉・細密画工房(横山伸省)
本文デザイン/岸野祐美(京田クリエーション)

ISBN 978-4-7743-3124-9

くもん出版ホームページ　https://www.kumonshuppan.com/

*本書は『くもんの中学基礎がため100%　中3理科　第1分野編』を
改題し,新しい内容を加えて編集しました。

これだけは覚えておこう

中3理科　物質・エネルギー（1分野）

❶ いろいろな運動

斜面上の物体にはたらく
重力の分解

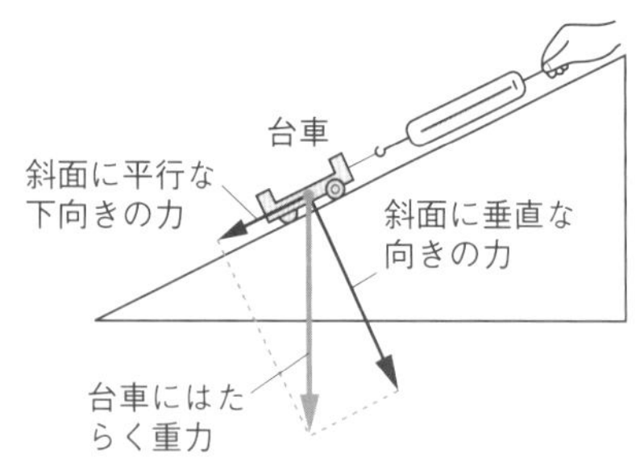

斜面の傾きが大きくなるほど，物体にはたらく斜面に平行な下向きの力は大きくなる。

記録タイマーでの運動の記録

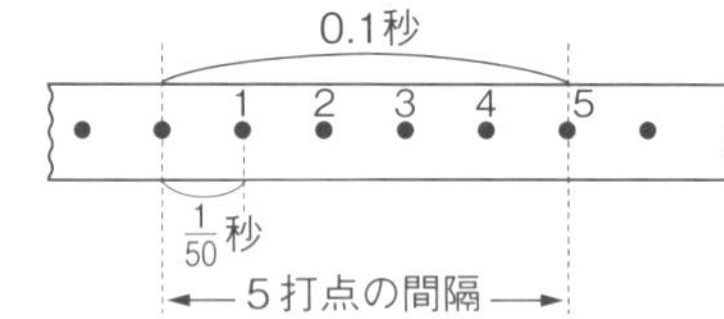

$\frac{1}{50}$秒ごとに打点する記録タイマーの場合。

→記録テープが進んだ向き

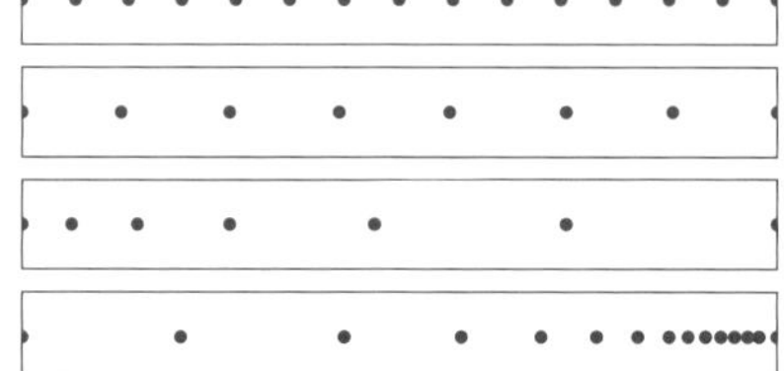

ゆっくりした運動

速い運動

速くなる運動

遅くなる運動

❷ 水圧と浮力

水圧

水中の物体が水から受ける圧力。水圧は，水面からの深さに比例して大きくなる。

★圧力〔Pa〕＝ $\frac{\text{面を垂直におす力〔N〕}}{\text{力がはたらく面積〔m}^2\text{〕}}$

浮力

水中の物体にはたらく上向きの力。水中にある物体の位置（水面からの深さ）が変わっても変化しないが，物体の体積が大きいほど大きくなる。

★水中の物体には水圧がはたらくが，水圧は深くなるほど大きくなるので，物体の上面にはたらく力よりも下面にはたらく力のほうが大きい。この力の差が，物体にはたらく上向きの力（浮力）となる。

❸ 仕事と仕事率

仕事〔J〕＝ 加えた力の大きさ〔N〕 × 力の向きに移動した距離〔m〕

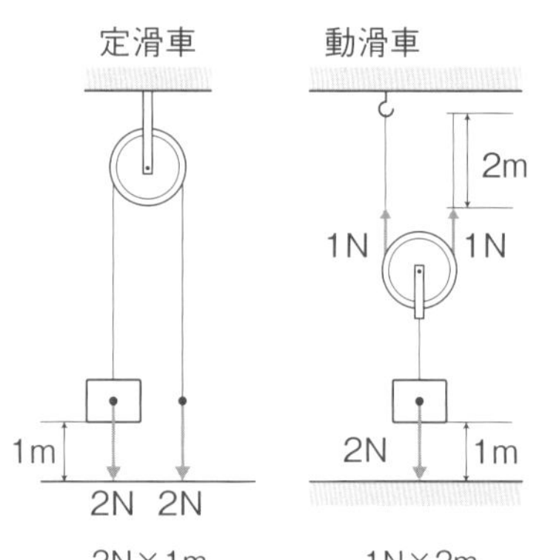

動滑車を使うと力は$\frac{1}{2}$になるが，ひもを引く距離は，2倍になる。

仕事率〔W〕＝ $\frac{\text{仕事〔J〕}}{\text{かかった時間〔s〕}}$

⬅ていねいに引っぱってください。別冊解答になります。

中学基礎がため100%

できた！中3理科

物質・エネルギー（1分野）

別冊解答書

答えと考え方

・答えの後の（　　）は別の答え方です。
・記述式問題の答えは例を示しています。内容が合っていれば正解です。

復習ドリル（中2までに学習した「力」） P.5

❶ (1) 等しい。
(2) 反対である。
(3) ある。
(4) いえない。

考え方 (4) 2Nの力の大きさで右へ動いているので，つり合っていない。

❷ (1) 8cm
(2) 1.7N
(3) 面…A　　圧力…2125Pa

考え方 (1) 加えた力の大きさが0のときの長さが，ばねのもとの長さである。
(2) ばねののびが2cmのとき，ばねに加えた力の大きさは0.2Nだから，のびが25cm－8cm＝17cmのときの力の大きさをx〔N〕とすると，
2：0.2＝17：x　　x＝1.7N
よって，物体にはたらく重力の大きさは，1.7Nである。
(3) 面を垂直におす力が同じとき，力がはたらく面積が小さいほど圧力は大きくなる。したがって，A面を下に置いたときが，最も大きくへこむ。そのときの圧力は，
$$\frac{1.7\text{N}}{(0.02\times0.04)\text{m}^2}=2125\text{Pa}$$

単元1 力と運動

1章 力のつり合い

基本チェック P.7・P.9・P.11

① (1) ①合力　　②力の合成
(2) ① ($F=F_1$) ＋ (F_2)
② ($F=F_1$) － (F_2)

考え方 (2) 同一直線上にはたらく同じ向きの2力の合力は，2力の和，反対向きの2力の合力は，2力の差である。

② (1) 下図

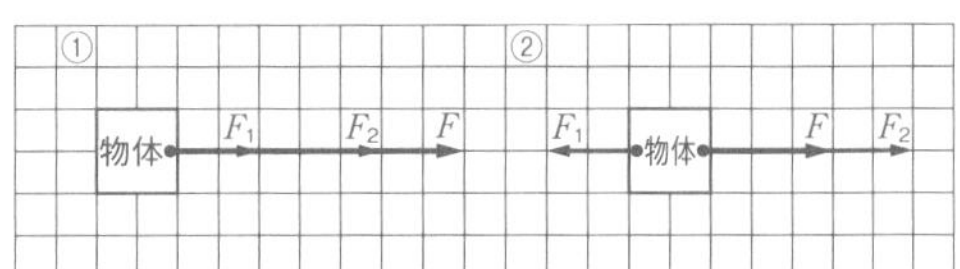

(2) 下図（合力のみ）

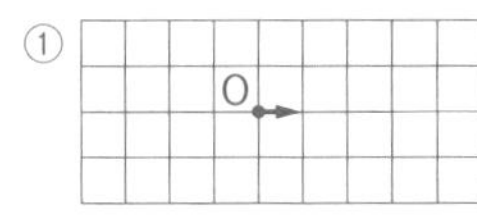

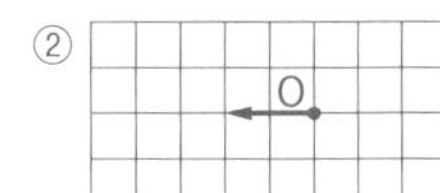

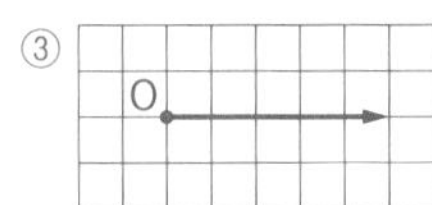

考え方 (1) ①$F=F_1+F_2$
②$F=F_2-F_1$

③ 下図

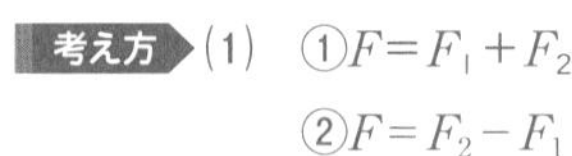

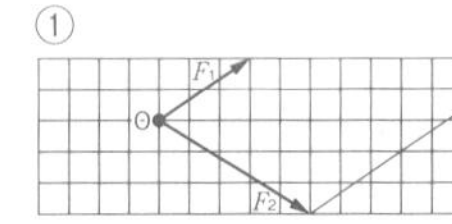

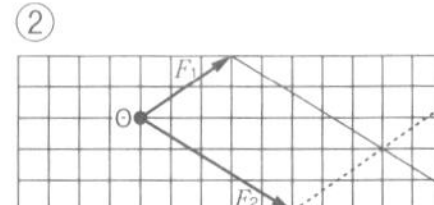

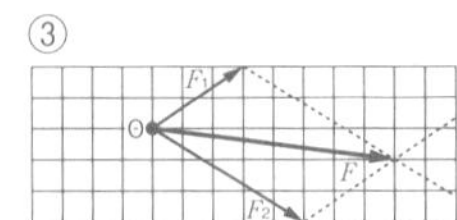

④ ①分力
②力の分解

⑤ 下図

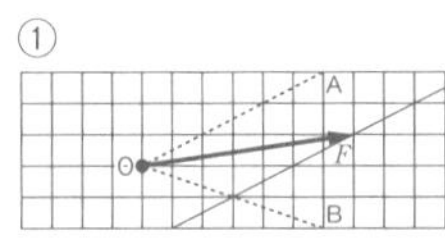

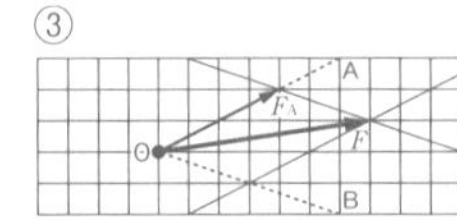

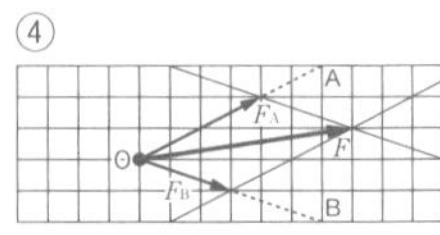

⑥ (1) ①水圧　　②あらゆる方向
③同じ
(2) ④等しい　　⑤等しい
⑥ちがう　　⑦大きい　　⑧大きい

考え方 (2) 図のように，ゴム膜を張ったパイプを水中に入れると，水圧によってゴム膜がへこむ。水圧が大きいほど，ゴム膜のへこみ方も大きくなる。また，水圧の大きさは，水面から深くなるほど，大きくなる。

7 ①**浮力**　②**しない**　③**比例**
④**大きく**
⑤**空気中ではかったときのばねばかりの目盛り**
⑥**水中ではかったときのばねばかりの目盛り**

基本ドリル

P.12・13

1 下図

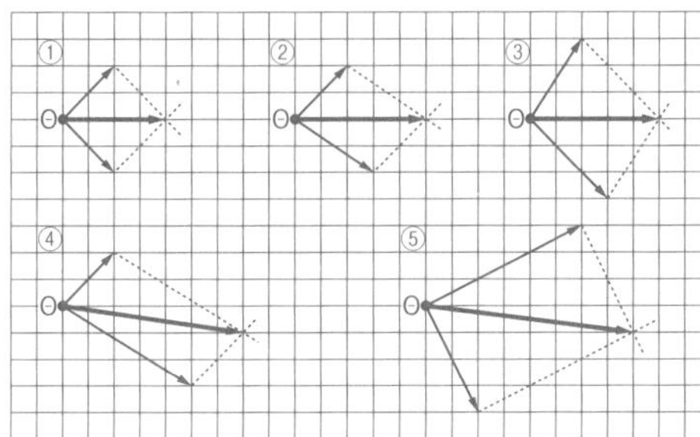

2 下図

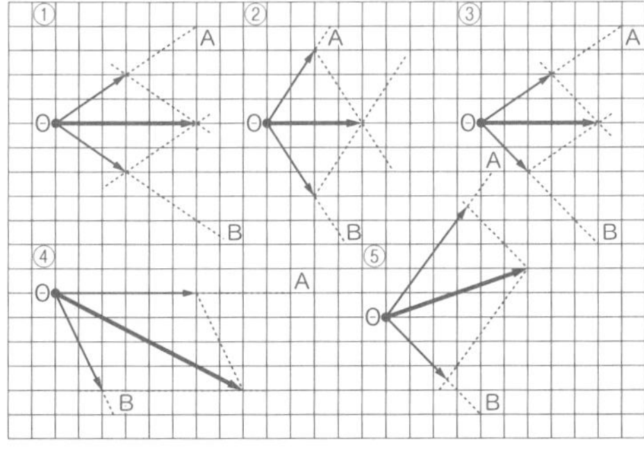

3 (1) **C点**
(2) **A点**
(3) **F**
(4) **ア…A点　イ…C点　ウ…B点**

考え方 (3) 水圧が大きいほど，水は勢いよく飛び出す。

4 (1) **ア**
(2) **浮力**

考え方 (1) 水圧は，水面からの深さが深いほど，大きくなる。したがって，上面にはたらく水圧は底面にはたらく水圧よりも小さい。また，物体の側面の中間付近にはたらく水圧は，上面にはたらく水圧と底面にはたらく水圧の大きさの中間くらいである。ただし，同じ深さなら，向きによって水圧が変化することはない。

練習ドリル

① P.14・15

1 ① **4N**　② **2N**　③ **6N**

考え方

①　②　③

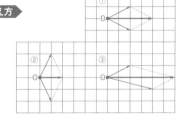

2 ① **5N**　② **7N**

3 (1) 下図

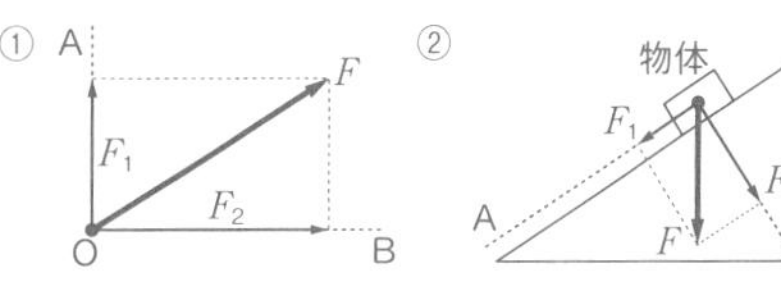

(2) F_1，F_2
(3) **重力**
(4) **斜面に垂直な方向の分力**
(5) **何通りにも分解できる。**

考え方 (4) 矢印の長さが長いほうが，大きい力になる。

4 最も大きいもの…ア
最も小さいもの…ウ

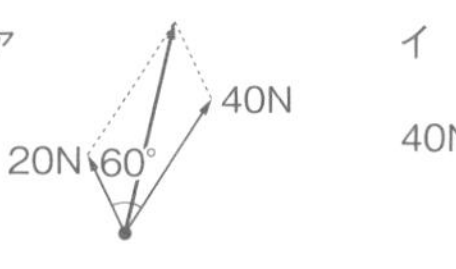

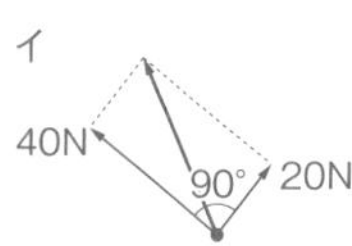

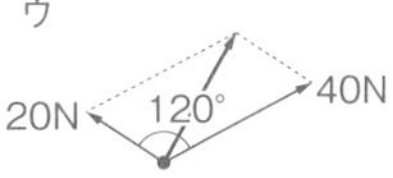

考え方 いずれも40Nと20Nの合力なので，２つの力の間の角度が小さいものほど，合力は大きい。

練習ドリル

② P.16・17

1 (1) C

(2) 弱くなる。

考え方 (1) 水面からの深さが深いほど，水圧が大きくなり，ふき出す水の勢いも強くなる。

(2) 水面が下がってくると，水面からCの穴までの深さが浅くなり，水圧も小さくなる。

2 ①ウ　②ア

考え方 図のように，ゴム膜(まく)を張ったパイプを水中に入れると，水圧によってゴム膜は内側にへこむ。①のように，縦にして水中に入れた場合は，上面よりも底面の水圧が大きいため，底面のゴム膜のほうが大きくへこむ。②のように，横にして入れた場合は，左右の水圧が同じため，ゴム膜のへこみ方も同じになる。

3 (1) 1N

(2) 重力，糸がおもりを引く力

(3) 0.6N

(4) 1N

(5) 浮力(ふりょく)

(6) 上向きの力

(7) 0.4N

考え方 (2) 地球上のすべての物体には，地球の重力がはたらいている。図の物体にも重力がはたらいているのに，物体が落ちないのは，ばねばかりで糸が物体を引いているからである。

発展ドリル

P.18・19

1 (1) 下図

①
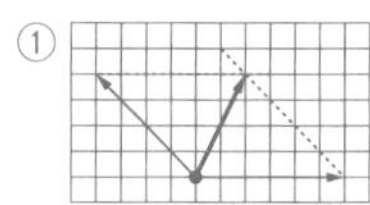
②
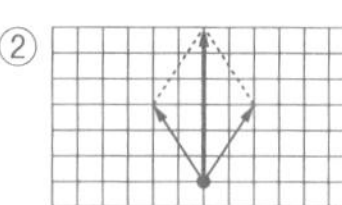

(2) ① 4N　② 4N

考え方 (2) 作図によって求める。

2 (1) F_3

(2) F_1

(3) F_2

(4) F_1

(5) F_3

考え方 (4) ∠Aが大きくなると，F_2は小さくなり，F_1は大きくなる。

(5) 物体にはたらく重力の大きさは，一定である。

3 (1) 800Pa

(2) 800Pa

考え方 (1) $50cm^2=0.005m^2$であるから，

$$\frac{4N}{0.005m^2}=800Pa$$

4 (1) 1.5N

(2) 浮力

(3) 0.6N

考え方 (3) 空気中ではかったときの重さと，水中ではかったときの重さの差が，石が水から受けた浮力の大きさである。

単元1 力と運動

2章 運動の速さと向き

基本チェック

P.21・P.23

① (1) 速さ…変わらない。
向き…変わらない。

(2) 速さ…変わらない。
向き…変わる。

(3) 速さ…変わる。
向き…変わらない。

(4) 速さ…変わる。
向き…変わる。

考え方 (3) 速さがしだいに速くなっている。

② ①速さ ②向き
③単位時間 ④距離（きょり）
⑤平均の速さ
⑥瞬間（しゅんかん）の速さ

考え方 ③単位時間は，1秒，1分などである。

③ (1) 式… $\frac{300m}{5s} = 60m/s$
答え…60m/s

(2) 式… $\frac{30km}{20km/h} = 1.5h$

$\frac{30km}{60km/h} = 0.5h$

$\frac{60km}{(1.5+0.5)h} = 30km/h$

答え…30km/h

考え方 (2) 前半と後半にかかった時間を合計してから計算する。

---

④ ①一定
②等しい
③移動距離
④ 0.02 $(\frac{1}{50})$
⑤ 0.1

考え方 ⑤ $\frac{1}{50}s \times 5 = 0.1s$

⑤ (1) 等しい。
(2) しだいに広くなっていく。
(3) しだいにせまくなっていく。

考え方
(1) ・　・　・　・　・
(2) ・　　・　　　・
(3) ・　・　・・・・・・・・

⑥ ①エ ②ウ ③ア ④イ

考え方 速さが速いほど，打点間隔（かんかく）は広くなる。

基本ドリル P.24・25

1 ①速さも向きも変わる。
②速さは変わるが，向きは変わらない。

考え方 ブランコでの運動は，ふりこの運動と同じである。すべり台ですべり降りるのは，ボールが斜面（しゃめん）を下る運動と同じである。

2 (1) 60cm
(2) 4秒
(3) $\frac{60cm}{4s} = 15$ cm/s　(60 ÷ 4 = 15)
15 cm/s

3 (1) ＡＢ間，ＢＣ間，ＣＤ間
(2) ＤＥ間
(3) ① 0.1秒 ② 0.4秒

考え方 (1) 打点間隔の変化を見ると，Ａ～Ｄ間はしだいに広くなり，速さが速くなっている。

4 (1) 0.02秒 $(\frac{1}{50}$秒$)$
(2) 距離
(3) ①ア ②イ

考え方 (3) 1打点する時間は同じなので，打点間隔が広いほど，記録テープを引いた速さが速い。

練習ドリル P.26

1 (1) イ (2) ウ (3) エ

考え方 (1) 球の間隔が広くなっている。
(2) 球の速さも向きも変化している。

2 (1) 54 cm/s
(2) イ

考え方 (2) 速さが一定なので，移動距離は時間に比例し，原点を通る直線のグラフになる。

発展ドリル P.27

1 (1) 7m/s

(2) 15m/s

(3) 36 km/h

(4) 10m/s

考え方 (1) $\frac{70m}{10s}=7m/s$

(2) $\frac{600m}{40s}=15m/s$

(4) $\frac{(36\times1000)m}{(60\times60)s}=10m/s$

2 (1) 0.1秒($\frac{1}{10}$秒)

(2) A…14 cm/s　D…56 cm/s

考え方 (1) $\frac{1}{50}s\times5=0.1s$

(2) $\frac{1.4cm}{0.1s}=14cm/s$

$\frac{5.6cm}{0.1s}=56cm/s$

単元1 力と運動

3章 物体の運動

基本チェック P.29・P.31

① (1) ①平行な下向き

②垂直な向き（①②は順不同）

③平行な下向き

④大きく

⑤垂直抗力

⑥小さく

(2) ⑦斜面に平行な下向きの力（分力）

⑧斜面に垂直な向きの力（分力）

⑨重力

② ①速く　②大きく　③速く

④自由落下　⑤重力　⑥遅く

⑦摩擦力

③ (1) ①一定　②一直線　③一定

④比例

(2) ⑤速さ　⑥移動距離

④ ①静止　②等速直線運動

③慣性の法則　④慣性

⑤ 反作用

基本ドリル P.32・33

1 (1) 等しい。

(2) 図2

(3) 図2

(4) ア

(5) 図2

考え方 (2)~(5) 同じ台車を置いても，ばねばかりの示す値は，傾きの大きい斜面に置いたほうが大きい。このことから，斜面の傾きが大きいほど，台車にはたらく斜面に平行な下向きの力の大きさは大きくなり，速さのふえ方も大きくなる。

2 (1) 逆

(2) 遅くなる。

考え方 (2) 運動方向と逆の向きに力がはたらくと，斜面をのぼる球の速さはしだいに遅くなり，やがて止まり，斜面を下り始める。

3 (1) 等しくなっている。

(2) 速さが変わらない運動

(3) 等速直線運動

(4) 一定である。(等しい。)

(5) 考えてよい。

(6) cm/s

考え方 (3) 一定の速さで一直線上を進む運動を等速直線運動という。

(5) 速さは，単位時間あたりに移動した距離であることから考える。

(6) 1秒あたりに移動した距離が速さである。

4 (1) 慣性

(2) 慣性の法則

練習ドリル　P.34・35

1 (1) 10°
(2) B
(3) 大きくなる。
(4) 自由落下
(5) ア

考え方 (1)〜(3) 斜面の角度が大きくなるほど，斜面を下る台車にはたらく斜面に平行な下向きの力が大きくなり，速さの変化が大きくなる。

2 (1) Aさん…動く。　Bさん…動く。
(2) 大きさ…同じ。(等しい。)
向き…反対(逆)

考え方 AさんがBさんのボートをおすと，Bさんのボートは Aさんから力を受けて動く。また，AさんもBさんのボートから力を受けて(おし返されて)動く。このとき，同じ大きさの力が反対の向きにはたらいている。

3 (1) A
(2) ① 慣性
② ㋐速さ　㋑足
㋒等速直線　㋓(電車の)進行
(3) 急停車したとき，ハンドルやフロントガラスに衝突しないようにするため。

考え方 (2) ①このように運動を続けようとする性質を慣性という。
(3) 自動車に乗っている人には，慣性がはたらいている。したがって，急停車したとき，乗っている人は，前に進む運動を続けようとする。そのため，シートベルトで体を座席に固定していないと，ハンドルやフロントガラスに衝突するおそれがある。

発展ドリル　P.36・37

1 (1) コップの中に落ちる。
(2) ①静止　②静止
(3) ①静止　②静止
(4) ①等速直線　②等速直線
(5) 慣性
(6) ①作用　②反作用

2 (1) 摩擦力
(2) ア

考え方 摩擦力とは，運動している物体と接している面の間にはたらき，物体の運動をさまたげるようにはたらく力である。したがって，物体の運動の向きとは，逆の向きにはたらく。図のイの矢印は，物体にはたらく重力を表している。

3 (1) はたらいていない。
(2) 右図
(3) 比例関係

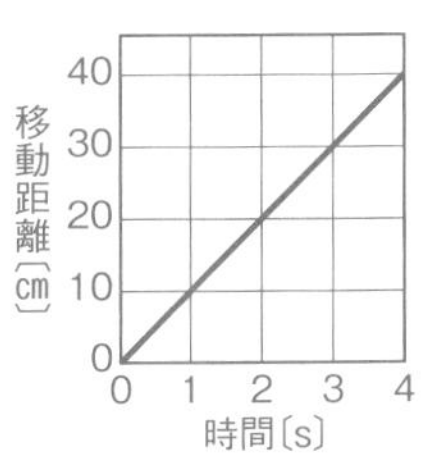

考え方 (1) 等速直線運動をする物体には，力がはたらいていないか，力がはたらいていてもつり合っている。

まとめのドリル　① P.38・39

1 (1) ウ　(2) ア

考え方 (1) 水中の物体にはたらく水圧は，物体の上面にはたらく水圧よりも，底面にはたらく水圧のほうが大きい。

2 ① 0N　② 5N　③ 2N
④ 13N　⑤ 8N

考え方 ⑤

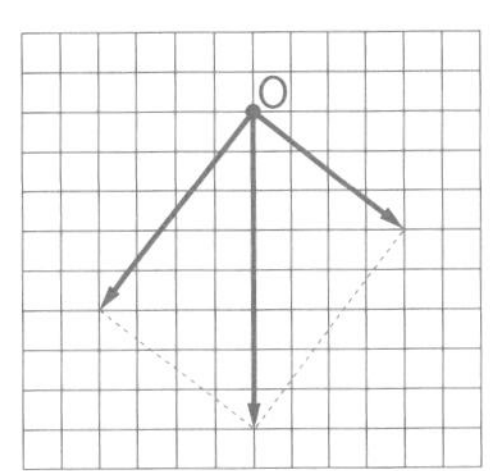

3 (1) F　(2) F_2　(3) F_1
(4) F…2.5N　F_1…2.0N
F_2…1.5N

考え方 (4) 矢印の長さが1cmで1Nである。

4 (1)　10 cm/s

(2)　C

(3)　大きくなる。

考え方 (1)　$\frac{0.5\text{cm}}{0.05\text{s}} = 10$ cm/s

(2)　台車は斜面(しゃめん)を下っているので，しだいに速くなる運動をする。

まとめのドリル　② P.40・41

1 (1)　しだいに速くなっている。

(2)　等速直線運動

(3)　54 cm/s

(4)　イ

(5)　摩擦力(まさつりょく)

考え方 (3)　$\frac{5.4\text{cm}}{0.1\text{s}} = 54$ cm/s

2 (1)　しだいに速くなっていく。

(2)　重力

(3)　変わらない。

3 (1)　慣性(かんせい)

(2)　運動している物体は等速直線運動を続けようとするから。

(3)　慣性の法則

(4)　ア

考え方 (4)　慣性の法則は，物体に外から力がはたらいていないときか，力がはたらいていてもつり合っているときに成り立つ。

定期テスト対策問題(1)　P.42・43

1 (1)　8N

(2)　3N

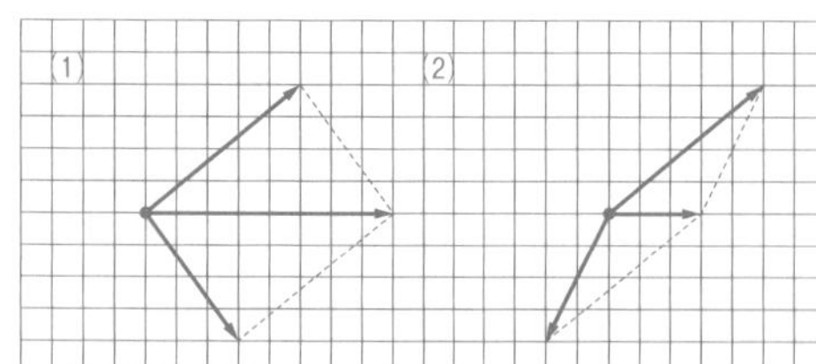

2 (1)　6N

(2)　イ

(3)　斜面の傾(かたむ)き（角度）を大きくした。

考え方 (1)　作図をすると，1目盛りが2Nであることがわかる。

3 (1)　等速直線運動

(2)

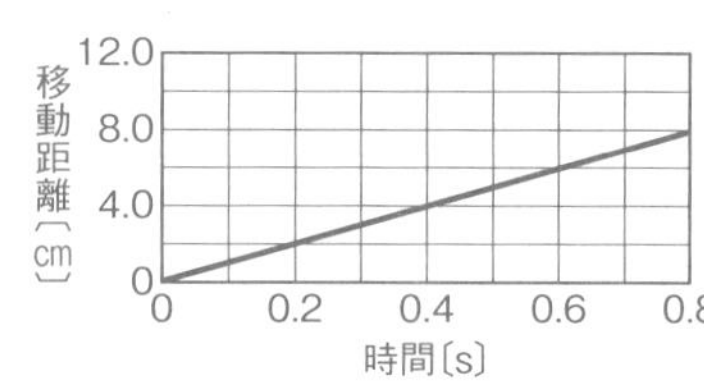

(3)　0.45N

考え方 (2)　比例のグラフになる。

(3)　ばねののびは9cm，ばねを1cmのばすのに必要な力は0.05Nなので，0.05N×9＝0.45N

4 (1)　慣性

(2)　運動している物体は等速直線運動を続けようとするから。

定期テスト対策問題(2)　P.44・45

1 (1)　1N　　(2)　3N　　(3)　6N

2 (1)　0.1 秒　　(2)　1.3N

(3)　79.5 cm/s　　(4)　80cm

考え方 (2)　2Nの力を加えると，10cmのびるばねであるから，0.2Nで1cmのびる。0.2N×6.5＝1.3N

(3)　$\frac{(20.1 - 4.2)\text{cm}}{0.2\text{s}} = 79.5$ cm/s

(4)　200 cm/s×0.4s＝80cm

3 (1)　底面にはたらく圧力

(2)　力…浮力(ふりょく)　　向き…上向き

(3)　0.1N

(4)　ウ

考え方 (1)　水面からの深さが深いほど，水圧は大きくなる。

(3)　100 gの物体にはたらく重力の大きさが1Nなので，50 gの物体の重さは0.5Nである。この物体の水中での重さは0.4Nなので，その差の0.1Nが浮力の大きさである。

(4)　水中の物体にはたらく浮力の大きさは，深さに関係なく一定である。

復習ドリル（中2までに学習した「てこ」「電流のはたらき」） P.47

1 (1) ①小さくなる。 ②小さくなる。
(2) ア

考え方 (1) 支点と作用点の間の距離に対する支点と力点の間の距離の割合が大きくなるほど，手ごたえは小さくなる。

2 ア

考え方 モーターは電磁石の極を変えながら，磁石と引き合ったり，しりぞけ合ったりする力を利用して回転する。

3 (1) 1.5W
(2) ① 42J ② 1℃

考え方 (1) 5V×0.3A＝1.5W

(2) ① $\frac{4V}{40\Omega}=0.1A$

4V×0.1A×105s＝42J

② $\frac{42J}{4.2J/g\cdot℃\times 10g}=1℃$

単元2 仕事とエネルギー

4章 仕事

基本チェック P.49・P.51

1 ①力 ②移動 ③なる
④ならない ⑤なる ⑥ならない
⑦なる ⑧ならない
⑨距離 ⑩ジュール ⑪J
⑫加えた力の大きさ
⑬力の向きに移動した距離
⑭ 5N ⑮ 1.5m ⑯ 7.5J
⑰ 0.5N ⑱ 0.3m ⑲ 0.15J
⑳重力 ㉑摩擦力

2 ① 2 ② 1
③ 2N ④ 1m ⑤ 2J
⑥ 1 ⑦ 2
⑧ 1N ⑨ 2m ⑩ 2J
⑪ 15 ⑫ 15N ⑬ 1m ⑭ 15J
⑮ 0.5 ⑯ 30N ⑰ 0.5m ⑱ 15J

3 ①単位時間 ②仕事
③ワット ④ W ⑤仕事〔J〕
⑥かかった時間〔s〕 ⑦ 30N
⑧ 2m ⑨ 15s ⑩ 4W

基本ドリル P.52・53

1 (1) ①仕事 ②仕事ではない
③仕事ではない ④仕事
(2) 力の向きに物体を動かした

考え方 (1) 物体に力を加えて，その力の向きに移動させたとき，力が物体に仕事をしたという。

2 (1) 80J
(2) 20J
(3) A…4W B…2W

考え方 (1) 4kg＝4000gより，
40N×2m＝80J
(2) 1kg＝1000gより，
10N×2m＝20J
(3) A…$\frac{80J}{20s}=4W$

B…$\frac{20J}{10s}=2W$

3 (1) 30J
(2) 30N
(3) 1m
(4) 30J
(5) 15N
(6) 2m
(7) 30J
(8) 同じ。
(9) 仕事の原理

考え方 (1) 3kg＝3000gより，
30N×1m＝30J

練習ドリル P.54・55

1 (1) 5N
(2) 5N

(3) 0.5J

考え方 (3) 5N×0.1m＝0.5J

2 (1) 1N

(2) 0J

(3) 0.8J

(4) 1000W

(5) 20W

考え方 (3) 2N×0.4m＝0.8J

(4) 100kg＝100000gより，

$$\frac{1000\text{N}\times 20\text{m}}{20\text{s}}=1000\text{W}$$

(5) 5kg＝5000gより，

$$\frac{50\text{N}\times 4\text{m}}{10\text{s}}=20\text{W}$$

3 (1) 100J

(2) 20J

考え方 (1) 10kg＝10000gより，

100N×1m＝100J

4 (1) 60J

(2) 6m

(3) 60J

(4) A

(5) 20W

考え方 (2) 3mの2倍の距離（きょり）を引く。

(4) 速さが同じなので，引く距離が短いほど，かかる時間が少なく，仕事率は大きい。

(5) $\frac{3\text{m}}{1\text{m/s}}=3\text{s}$，$\frac{60\text{J}}{3\text{s}}=20\text{W}$

発展ドリル P.56・57

1 (1) ①，⑥，⑦

(2) ②，④，⑨

(3) ③，⑤，⑧

考え方 ② 10N×5m＝50J

⑤ 30N×2m＝60J

⑥ 10N×2m＝20J

2 仕事…0.7J　仕事率…0.35W

考え方 $\frac{1\text{N}\times 0.7\text{m}}{2\text{s}}=0.35\text{W}$

3 (1) 記号…A　仕事率…48W

(2) 60N

(3) 4.8m

考え方 (1) A～Cの仕事は，いずれも12kg(120N)の物体を1.6mの高さに引き上げているので，

120N×1.6m＝192J

A…$\frac{192\text{J}}{4\text{s}}=48\text{W}$

B…$\frac{192\text{J}}{8\text{s}}=24\text{W}$

C…$\frac{192\text{J}}{5\text{s}}=38.4\text{W}$

(3) $60\text{N}\times\frac{2}{3}=40\text{N}$

$\frac{192\text{J}}{40\text{N}}=4.8\text{m}$

単元2 仕事とエネルギー

5章 エネルギー

基本チェック P.59・P.61

1 ①位置　②高い

③大きい　④運動

⑤速い　⑥大きい

考え方 ・位置エネルギー…高いところにあるものほど，質量が大きいものほど，位置エネルギーは大きい。

・運動エネルギー…速さが速いものほど，質量が大きいものほど，運動エネルギーは大きい。

2 ①弾性（だんせい）エネルギー　②大きくなる

③電気エネルギー　④熱エネルギー

⑤光エネルギー　⑥音エネルギー

⑦ジュール　⑧J　⑨1

---

3 (1) 力学的エネルギー

(2) 変わる。

(3) 変わらない。

(4) ①最大　②0　③最大

④0

4 ①熱　②光　③位置　④化学
⑤運動　⑥化学　⑦電気
⑧電気

基本ドリル　P.62・63

1 エ

考え方 位置エネルギーは，高いところにあるほど，質量が大きいほど，大きくなることから考える。

2 (1) 鉄球A
(2) 鉄球A
(3) 鉄球D
(4) 鉄球D

考え方 運動エネルギーは，速さが速いほど，質量が大きいほど，大きくなることから考える。

3 (1) 運動エネルギー
(2) 位置エネルギー

考え方 位置エネルギーが運動エネルギーに移り変わっていく。

4 (1) ①位置エネルギー
②運動エネルギー
(2) 摩擦力（まさつりょく）
(3) 熱エネルギー（音エネルギー）
(4) 同じ。

考え方 (2)，(3) 摩擦力によって熱エネルギーや音エネルギーとなって，力学的エネルギーの一部が失われる。

5 (1) 電気エネルギー
(2) 運動エネルギー
(3) 光エネルギー
(4) 熱エネルギー
(5) 音エネルギー

考え方 (1)，(2) 乾電池（かんでんち）のもつ電気エネルギーが，モーターを回す運動エネルギーに移り変わった。
(3) 乾電池のもつ電気エネルギーが，豆電球によって光エネルギーに移り変わった。
(4) 電熱線に熱が発生したことから，電気エネルギーは熱エネルギーに移り変わった。

練習ドリル　P.64・65

1 (1) A，E
(2) C

考え方 (1) AとEでは，ふりこの高さが最も高く，静止するので，位置エネルギーが最大で，運動エネルギーが0である。
(2) Cでは，ふりこの高さが最も低く，速さが最も速いので，位置エネルギーが0で，運動エネルギーが最大である。位置エネルギーと運動エネルギーはたがいに移り変わるが，その和である力学的エネルギーは一定である。

2 (1) B
(2) C
(3) 運動エネルギーは，物体の質量が大きいほど，また速さが速いほど大きい。
(4) D

考え方 (1)〜(3) 木片（もくへん）の移動した距離（きょり）が長いほど，台車のもっていた運動エネルギーは大きいといえる。

3 (1) ①運動エネルギー
②熱エネルギー
(2) ①運動エネルギー
②電気エネルギー
③光エネルギー

4 A…運動エネルギー
B…電気エネルギー
C…熱エネルギー
D…光エネルギー　E…音エネルギー

考え方 ①では運動エネルギーが電気エネルギーに，②では電気エネルギーが熱エネルギーに，④では電気エネルギーが音エネルギーに移り変わっている。

発展ドリル P.66・67

1 (1) 運動エネルギー…増加
位置エネルギー…減少
(2) 運動エネルギー…減少
位置エネルギー…増加
(3) ウ
(4) 力学的エネルギーの保存
(5) B

考え方 (1), (2) 斜面(しゃめん)を物体が下るとき，物体のもつ位置エネルギーは運動エネルギーに移り変わる。また，斜面をのぼるとき，運動エネルギーは位置エネルギーに移り変わる。
(3), (4) 運動エネルギーと位置エネルギーの和である力学的エネルギーは，どの点でも一定である。このように，力学的エネルギーが一定に保たれることを，力学的エネルギーの保存という。
(5) A点で位置エネルギーは最大，B点で運動エネルギーは最大になる。

2 (1) ①光エネルギー
②位置エネルギー
(2) いえない。
(3) 熱エネルギー
(4) ウ

まとめのドリル P.68・69

1 (1) 100N
(2) 200J
(3) 150J

考え方 (2) 100N×2m＝200J
(3) 50N×3m＝150J

2 (1) 300J
(2) 6m
(3) 300J
(4) 300J
(5) 仕事の原理

考え方 (3) 50N×6m＝300J

3 ①蒸気機関 ②火おこし器
③モーター ④手回し発電機
⑤電灯 ⑥光電池
⑦電熱器 ⑧スピーカー

考え方 それぞれの道具は，エネルギーをどのように変換(へんかん)して使うものなのかを考える。

4 (1) エ
(2) 0.4J
(3) 0.35W
(4) 小さくなっていく。

考え方 (2) 1N×0.4m＝0.4J
(3) $\frac{1\text{N}\times0.7\text{m}}{2\text{s}}=0.35\text{W}$

定期テスト対策問題(3) P.70・71

1 (1) 0.5m/s
(2) 2J
(3) 20W

考え方 (1) $\frac{0.05\text{m}}{0.1\text{s}}=0.5\text{m/s}$
(2) 40N×0.05m＝2J
(3) $\frac{2\text{J}}{0.1\text{s}}=20\text{W}$

2 (1) 等速直線
(2) 0.25J
(3) 30cm
(4) 0.15W

考え方 (2) 0.5N×0.5m＝0.25J
(4) $\frac{1\text{N}\times0.3\text{m}}{2\text{s}}=0.15\text{W}$

3 (1) エ
(2) ①運動エネルギー
②増加 ③減少
(3) 力学的エネルギーは一定である。

考え方 図のふりこでは，A点，C点で位置エネルギーが最大になり，B点で0になる。また，運動エネルギーはB点で最大になり，A点，C点では0になる。

定期テスト対策問題(4) P.72・73

1 (1) 60 cm/s

(2) 0.704J

(3) B

(4) 速さが速いほど，運動エネルギーが大きくなるから。

(5) (例) 台車に質量の大きい物体をのせる。

考え方 (1) $\frac{1.0\text{cm}}{\frac{1}{60}\text{s}} = 60\text{cm/s}$

(2) 8N×0.088m＝0.704J

(4), (5) 運動エネルギーは，物体の速さが速いほど，質量が大きいほど，大きくなる。

2 (1) 10g

(2) 0.24J

(3) 0.3N

(4) 23cm

(5) 0.024W

考え方 (1) 100gで10cmのびる。

(2) 0.6N×0.4m＝0.24J

(3) 2倍の距離(きょり)を引いているので，力の大きさは$\frac{1}{2}$となり，0.3Nの力で引いている。

(4) ばねは，1Nで10cmのびるので，0.3Nでは3cmのびる。

(5) $\frac{0.3\text{N} \times 0.4\text{m}}{5\text{s}} = 0.024\text{W}$

復習ドリル（中2までに学習した「水溶液」「化学変化」） P.75

1 (1) 溶質(ようしつ)…砂糖　溶媒(ようばい)…水

(2) 同じ。

(3) できない。

(4) 透明(とうめい)

考え方 (1) 硫酸銅(りゅうさんどう)の水溶液の場合，硫酸銅が溶質で，水が溶媒になる。

(2), (3) 完全にとかした水溶液の濃(こ)さはどこでも同じである。時間がたっても変わらない。

(4) 色がついていても，透明であれば水溶液である。

2 (1) 水酸化ナトリウム

(2) 気体名…水素　電極X…陰極(いんきょく)

(3) 酸素

考え方 (1) 水を電気分解するとき，水だけでは電流が流れにくいので，水酸化ナトリウムを加えて行う。

(2), (3) 水を電気分解すると，陰極から水素，陽極から酸素が発生する。

単元3 化学変化とイオン

6章 水溶液とイオン

基本チェック P.77・P.79

1 (1) ①○　②×　③○

④○　⑤○　⑥×

(2) 電解質

(3) 非電解質

2 (1) ①原子核　②電子

③＋　④陽子

⑤中性子

(2) ⑥原子核　⑦陽子

⑧＋　⑨中性子

⑩電子　⑪－

(3) 同位体

③ (1) イオン

(2) ＋(の電気)

(3) 陽イオン

(4) －(の電気)

(5) 陰イオン

(6) ① H^+　② OH^-

④ (1) 電離

(2) 電解質

(3) 非電解質

(4) B

(5) ① H^+　②塩化物

③ OH^-　④ナトリウム

基本ドリル　P.80・81

1 (1) 水溶液にしたとき

(2) 流れない。

(3) 電解質

(4) 非電解質

考え方 水にとけると水溶液が電流を流す物質が電解質である。

2 (1) 原子核

(2) 電子

(3) －の電気

(4) 陽子

(5) 中性子

考え方 (4)，(5) 原子核は，陽子と中性子からできている。陽子は＋の電気をもつが，中性子は電気をもたない。

3 (1) Na^+　(2) K^+

(3) Ba^{2+}　(4) Cu^{2+}

(5) Cl^-　(6) OH^-

(7) SO_4^{2-}

4 (1) 名称…水素イオン

化学式…H^+

(2) 名称…塩化物イオン

化学式…Cl^-

(3) 名称…銅イオン

化学式…Cu^{2+}

考え方 原子が電子を失うと陽イオンになり，電子を受けとると陰イオンになる。

5 (1) 電離

(2) ⊕…Na^+　⊖…Cl^-

考え方 (2) $NaCl \longrightarrow Na^+ + Cl^-$

練習ドリル　P.82・83

1 (1) 電解質

(2) 非電解質

(3) ①流れない　②流れる

2 (1) ①原子核　②電子

③陽子　④中性子

⑤陽子　⑥電子（⑤⑥は順不同）

(2) A…ヘリウム原子

B…水素原子

3 (1) 塩化水素

(2) ＋(の電気)

(3) 塩素原子

(4) 陰イオン

(5) $(HCl \longrightarrow)\ H^+ + Cl^-$

考え方 (2) 水素イオンは，電子を失っているので，＋の電気を帯びた陽イオンである。

4 (1) 塩化ナトリウム（食塩）

(2) 陽イオンの名称…ナトリウムイオン

化学式…Na^+

陰イオンの名称…塩化物イオン

化学式…Cl^-

(3) 等しい。

考え方 (3) 陽イオン：陰イオン＝1：1

発展ドリル　P.84・85

1 (1) 陽子

(2) 電子

(3) 等しい。

(4) 中性子

(5) 電子

考え方 (4) 電気をもたない粒子である。

2 (1) 塩酸

(2) H

(3) 水素イオン

(4) Cl

(5) 塩化物イオン

(6) A

考え方 (1) 塩酸は，塩化水素が水にとけたものである。

3 (1) 砂糖水，エタノールの水溶液

(2) ①名称(めいしょう)…水素イオン
化学式…H^+
②名称…塩化物イオン
化学式…Cl^-
③名称…ナトリウムイオン
化学式…Na^+
④名称…塩化物イオン
化学式…Cl^-

(3) イ

考え方 (2) 陽イオンと陰(いん)イオンに分かれている。
(3) 非電解質の水溶液は，イオンに分かれずに，分子のまま存在しているので，電流を流さない。

単元3 化学変化とイオン

7章 電気分解と電池

基本チェック P.87・P.89

① (1) ①ある ②塩素
③赤 ④銅

(2) ⑤ Cu ⑥ Cl_2

(3) ⑦うすく ⑧逆

② (1) ①ある ②塩素
③燃える ④水素

(2) ⑤ H_2 ⑥ Cl_2

---

③ (1) 銅

(2) ①銅イオン ②電子
③亜鉛(あえん)イオン ④銅原子

(3) (変化は)みられない。

(4) 亜鉛

④ (1) ①電解質 ② 2

(2) 亜鉛板…－極
銅板…＋極

(3) 二次電池

(4) 燃料電池

基本ドリル P.90・91

1 (1) 青色

(2) －極

(3) 陽極…ア
陰極…ウ

(4) 陽極…塩素
陰極…銅

考え方 (1) 塩化銅水溶液は，青色の水溶液である。
(2) 陰極は電源の－極に，陽極は電源の＋極につながっている。
(3)，(4) 塩化銅水溶液を電気分解すると，陽極では塩素が発生し，陰極には銅が付着する。

2 (1) 塩化水素

(2) 陽極…塩素 性質…ウ
陰極…水素 性質…イ

考え方 (2) 塩酸を電気分解すると，陽極から塩素，陰極から水素が発生する。

3 (1) ①銅原子 ②銅イオン
③銀イオン ④銀原子

(2) 銅

4 (1) ウ (2) (金属板) B

(3) ①化学 ②電気

考え方 (2) 銅板の表面では，銅イオンが電子を受けとり，銅が付着するため，質量が増える。亜鉛板では，亜鉛原子が電子を放出し，イオンとなってとけ出すため，質量は減る。
(3) 物質がもつ化学エネルギーは，化学反応の結果，熱，光，電気などのエネルギーとして放出される。逆に，熱，光，電気などのエネルギーを吸収して化学変化が起こる。

練習ドリル P.92・93

1 (1) A…陽極　B…陰極

(2) (2HCl ⟶) H_2 ＋ Cl_2

(3) 陽極

(4) 電極Aに集まった気体は水にとけやすい気体だから。(陽極に集まった塩素は，水にとけやすい気体だから。)

考え方 (1) 電源装置から，Aが陽極，Bが陰極とわかる。

(4) 陽極に発生する塩素の体積は，陰極に発生する水素と同じであるが，塩素はほとんどが水にとけてしまうので，結果として，水素よりも集まった体積は少なくなる。

2 (1) 青色

(2) A

(3) B

(4) 気体が発生する極と電極が赤色に変わる極が逆になる。

考え方 (1) 銅イオンの色である。

(2) 塩素は陽極から発生する。

(3) 陰極には銅が付着して赤くなる。

3 (1) ① ㋐と㋒　② ㋓と㋕

(2) マグネシウム，亜鉛，銅

考え方 (1) イオンになってとけ出す金属のほうが，イオンになりやすい。

(2) 結果の㋔，㋕から，銅は，どちらの水溶液中でもイオンにならず原子のままなので，最もイオンになりにくいことがわかる。

4 (1) ア，ウ，エ

(2) ア，ウ

考え方 (1) 非電解質は，砂糖とエタノールである。

(2) 2種類の金属板を使う。同じ種類の金属板では，電流はとり出せない。

発展ドリル P.94・95

1 (1) 2HCl ⟶ H_2 ＋ Cl_2

(2) A

(3) ($CuCl_2$ ⟶) Cu ＋ Cl_2

(4) C

(5) ア

(6) Ⓒ…＋

Ⓓ…－

考え方 (6) Ⓒは陰極(－極)に引かれ，Ⓓは陽極(＋極)に引かれている。このことから，Ⓒは＋の電気を帯び，Ⓓは－の電気を帯びている。

2 (1) Ⓐ…イ，オ　Ⓑ…イ，ウ

Ⓒ…ウ，カ

(2) ウ

考え方 (1) ⒶとⒷでは，マグネシウム原子が電子を放出して，マグネシウムイオンとなってとけ出す。その電子を受けとり，Ⓐでは亜鉛イオンが亜鉛原子に，Ⓑでは銅イオンが銅原子になって，マグネシウム板に付着する。Ⓒでは，亜鉛原子が亜鉛イオンに，銅イオンが銅原子になる。

(2) Ⓐで$Mg > Zn$，Ⓑで$Mg > Cu$，Ⓒで$Zn > Cu$とわかる。よって，$Mg > Zn > Cu$である。

3 (1) ＋極…銅板　電流の向き…ア

(2) ① Zn^{2+}　② $2e^-$　③ Cu^{2+}

考え方 (1) 銅よりもイオンになりやすい亜鉛が電池の－極になり，銅板が＋極となる。電流は，＋極から－極へ流れるので，アの向きである。

(2) 亜鉛原子が亜鉛イオンになるときに放出した電子2個を，銅イオンが受けとり，銅原子となる。

単元3 化学変化とイオン

8章 酸・アルカリとイオン

基本チェック P.97・P.99

1 (1) ①赤色
②黄色
③水素が発生する。
(2) 水素イオン
(3) 酸

2 (1) ①青色
②青色
③赤色
(2) 水酸化物イオン
(3) アルカリ

---

3 (1) 中和
(2) 水
(3) 塩
(4) 塩化ナトリウム
(5) 水にとける。
(6) 硫酸(りゅうさん)バリウム
(7) 水にとけない。
(8) 中性
(9) NaCl, H_2O
(10) ア

基本ドリル P.100・101

1 (1) 青色→赤色
(2) 黄色
(3) 水素
(4) H^+

考え方 BTB溶液(ようえき)は，酸性で黄色，中性で緑色，アルカリ性で青色を示す。

2 (1) 赤色→青色
(2) 青色
(3) 赤色
(4) OH^-

考え方 これらは，アルカリ性の水溶液に共通した性質である。

3 (1) 右図
(2) 酸性…H^+
アルカリ性…OH^-
(3) 右図

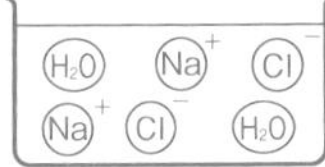

(4) 中性
(5) $H^+ + OH^- \longrightarrow H_2O$
(6) 塩
(7) NaCl

考え方 (3) 水溶液中のH_2Oの数と，イオンの種類と数が合っていれば正答。
(4) H^+とOH^-がどちらも存在しなければ，水溶液は中性を示す。

練習ドリル P.102・103

1 (1) CO_2
(2) (H_2SO_4 ⟶) $2H^+ + SO_4^{2-}$
(3) 青色→赤色
(4) 黄色
(5) 水素
(6) H

考え方 (1) 炭酸H_2CO_3は，気体の二酸化炭素が水にとけたものである。
(6) すべての酸に共通する原子は，水素原子だけである。

2 (1) 発生しない。
(2) 弱くなる。
(3) (KOH ⟶) $K^+ + OH^-$
(4) 名称(めいしょう)…水酸化物イオン
化学式…OH^-

考え方 (1) 塩酸にマグネシウムリボンを入れると水素を発生するが，中性やアルカリ性の水溶液では，水素は発生しない。
(2) 酸の性質は弱くなり，やがて中性になり，酸の性質はなくなる。

3 (1) ナトリウムイオン，塩化物イオン
(2) Na^+とCl^-
(3) ① Cl^-　② Na^+　③ NaCl

考え方 (1)　H^+ と OH^- は結びついて水分子になっているので，Na^+ と Cl^- が同数ずつ電離(でんり)している。

(2)　白い固体の結晶(けっしょう)は，塩化ナトリウムNaClである。

(3)　酸の陰(いん)イオンとアルカリの陽イオンが結びついてできた物質を，総称(そうしょう)して「塩」とよぶ。

4 (1)　**硫酸(りゅうさん)ナトリウム**

(2)　**塩化カルシウム**

考え方 中和反応によって，水と塩ができる。塩の種類は，中和する物質によってそれぞれ異なっている。

発展ドリル

P.104・105

1 (1)　**赤色に変化した。**

(2)　H^+

(3)　**ア**

考え方 (2)　塩化水素が電離して生じた H^+ は，リトマス紙の色を赤色に変化させる。

(3)　陽イオンは陰極に引かれる。

2 (1)　$NaOH \longrightarrow Na^+ + OH^-$

(2)　A…**変化しない。**

B…**青色に変わる。**

(3)　OH^-

考え方 (3)　陽極側のリトマス紙が青色に変化することから，OH^- とわかる。

3 (1)　Cl^-

(2)　H_2O

(3)　Cl^-

(4)　**右図**

H_2O　Na^+　Na^+　Cl^-　H_2O　OH^-　Na^+　Cl^-

(5)　**水酸化物イオン**

(6)　⑤**酸性**

⑥**中性**

(7)　**水素イオンと水酸化物イオンが結びついて，酸とアルカリがたがいの性質を打ち消し合い，水ができる反応。**

考え方 (1)　塩化水素の電離である。

(4)　H_2O の数と，イオンの種類と数が合っていれば正答。

(6)　⑤では H^+ が存在しているので酸性，⑥では H^+ も OH^- も存在していないので中性である。

(7)　中和は，$H^+ + OH^- \longrightarrow H_2O$ の反応である。

まとめのドリル

① P.106・107

1 (1)　**電解質**

(2)　**D，F**

(3)　**イ**

考え方 電解質は水にとけると電離するが，非電解質は水にとけても電離せずに，分子のままである。

2 (1)　電気…**＋**　　イオン…**陽イオン**

(2)　電気…**－**　　イオン…**陰イオン**

(3)　($NaCl \longrightarrow$) $Na^+ + Cl^-$

(4)　($NaOH \longrightarrow$) $Na^+ + OH^-$

考え方 (1)　電子を失うので，＋の電気を帯び，陽イオンとなる。

3 (1)　酸…**塩化水素，硫酸**

アルカリ…**水酸化ナトリウム，水酸化カルシウム，水酸化カリウム**

(2)　名称…**水素イオン**

化学式…H^+

(3)　名称…**水酸化物イオン**

化学式…OH^-

(4)　酸…**黄色**

アルカリ…**青色**

(5)　①**アルカリの水溶液(すいようえき)**

②**酸の水溶液**

(6)　**水素**

考え方 HClは塩化水素，NaOHは水酸化ナトリウム，H_2SO_4 は硫酸，$Ca(OH)_2$ は水酸化カルシウム，KOHは水酸化カリウムである。

4 $2H_2 + O_2 \longrightarrow 2H_2O$

まとめのドリル ② P.108・109

1 (1) 塩素
(2) B
(3) ① HCl
② Cl_2
(4) 電離

考え方 (1), (2) 塩酸を電気分解すると，陰極に水素，陽極に塩素が発生する。

2 (1) 2種類の水溶液が，すぐに混ざらないようにするため。
(2) 亜鉛板…ア　銅板…ウ
(3) 亜鉛板

考え方 (1) 2つの電解質の水溶液が，はじめから混ざり合っていると，銅イオンと亜鉛原子で直接電子の受け渡しが起こり，電流が流れなくなる。また，水溶液それぞれに電気的なかたよりが生じないように，セロハンの穴を，電流を流すために必要なイオンだけが通りぬける。これにより，安定した電圧が長時間保たれる(電流が長時間流れる)ようになる。
(3) 電池では，電子を放出してイオンになる金属が－極になる。

3 (1) A…酸性
B…酸性
C…中性
D…アルカリ性
(2) P，Q
(3) B…発生する。
C…発生しない。
(4) 塩化ナトリウム
(5) 塩
(6) 水
(7) 起こらない。
(8) $HCl + NaOH \longrightarrow NaCl + H_2O$

考え方 (7) Dの水溶液はアルカリ性なので，水素イオンは存在しない。したがって，そこに水酸化ナトリウム水溶液を加えても，中和は起こらない。

定期テスト対策問題(5) P.110・111

1 ① Na^+　② H^+　③ K^+
④ Cl^-　⑤ OH^-　⑥ SO_4^{2-}

2 (1) 陽極
(2) 塩素
(3) 陰極
(4) 銅
(5) $CuCl_2 \longrightarrow Cu + Cl_2$

考え方 塩化銅水溶液を電気分解すると，陽極に気体の塩素が発生し，陰極に金属の銅が付着する。

3 (1) 気体A…塩素
気体B…水素
(2) 気体A
(3) 塩素の多くは水にとけてしまったから。
(4) ア

考え方 (1) 塩酸を電気分解すると，陽極に塩素が発生し，陰極に水素が発生する。
(2) 塩素は，プールの消毒剤のようなにおいがする。
(3) 塩素は水にとけやすい性質の気体である。
(4) 電離すると，陰イオンのCl^-が生じる水溶液である。

4 (1) 赤色 → 青色
(2) ①電離　②陽
(3) 水酸化物イオン

考え方 水酸化ナトリウムは水にとけると電離して，ナトリウムイオンNa^+と水酸化物イオンOH^-に分かれる。－の電気を帯びている水酸化物イオンが，赤色のリトマス紙を青色に変える。

5 (1) NaCl
(2) ウ

考え方 (2) 中性の水溶液中には，H^+もOH^-も存在しない。

定期テスト対策問題(6) P.112・113

1 (1) 原子核

(2) ㋐…陽子　㋑…中性子

(3) ウ

(4) 同位体

2 (1) ㋑

(2) 亜鉛板…$Zn \longrightarrow Zn^{2+} + 2e^-$

銅板…$Cu^{2+} + 2e^- \longrightarrow Cu$

(3) 化学反応式…$2H_2 + O_2 \longrightarrow 2H_2O$

名称…燃料電池

考え方 (1), (2) 電子オルゴールは，＋極から電流が流れたときにだけ鳴る。亜鉛板が－極，銅板が＋極となるので，電子オルゴールの＋極を銅板(＋極)の導線のクリップ㋑とつなぐ。

(3) 燃料電池は，水の電気分解と逆の化学変化が起こる。

3 (1) A…エ　B…ア

C…イ

(2) OH^-

(3) 硫酸バリウム

(4) $H_2SO_4 + Ba(OH)_2$

$\longrightarrow BaSO_4 + 2H_2O$

(5) ウ

考え方 (1) フェノールフタレイン溶液は，アルカリ性で赤色を示す。BTB溶液は，酸性で黄色，中性で緑色，アルカリ性で青色を示す。うすい硫酸を加えていくと，混合液は，アルカリ性(青色)→中性(緑色)→酸性(黄色)と変化する。

(5) 硫酸にふくまれる硫酸イオンは，バリウムイオンと結びつき硫酸バリウムとなって沈殿するため，中性になるまでは，混合液中に存在しない。その後は，うすい硫酸を加えた分だけ増えていく。

復習ドリル (小学校で学習した「人間と自然」) P.115

1 (1) イ，エ

(2) 再生紙

(3) 燃料電池自動車（電気自動車）

2 ①×　②×　③○

④○　⑤○

単元4 科学技術と人間

9章 科学技術と人間

基本チェック P.117・P.119・P.121

1 ①天然繊維

②合成繊維（化学繊維）

③新素材　④炭素繊維

⑤形状記憶合金

2 ①石油　②加工　③軽く

④強く　⑤さびない　⑥にくい

⑦PET　⑧PP　⑨薬品

⑩透明　⑪ポリ袋　⑫ペットボトル

⑬食品容器　⑭浮く　⑮沈む

⑯浮く

考え方 ペットボトルの「ペット」とは，「PET」のことで，使われているプラスチックの種類を表している。

---

3 (1) ①位置　②運動

③化石燃料　④原子力

(2) ①火力発電

②原子力発電

③水力発電

(3) ア，ウ，エ，カ

(4) ない。

(5) 出さない。

考え方 (1) 水力発電は，高いところにある水の位置エネルギーを，運動エネルギーに変えて発電する。火力発電は，化石燃料を燃やして発電する。原子力発電は，放射性物質が核分裂するときに出すエネルギーで発電する。
(3) 化石燃料やウランは，埋蔵量(まいぞうりょう)に限りがあるので，太陽や地熱，風力などの再生可能エネルギーとよばれるものを利用した発電の研究・開発が進められている。

4 (1) 伝導
(2) 対流
(3) 放射

---

5 ①放射性物質 ②中性子線
③自然放射線 ④人工放射線
⑤被(ひ)ばく ⑥外部被ばく
⑦内部被ばく
⑧シーベルト

6 (1) インターネット
(2) 人工知能（AI）
(3) 仮想現実（VR）
(4) リニアモーターカー(超電導リニア，リニア中央新幹線)

基本ドリル P.122・123

1 (1) ポリエチレンテレフタラート
(2) ポリエチレン
(3) ①ポリエチレンテレフタラート
②ポリプロピレン
③ポリエチレン

考え方 (1)，(2) プラスチックにはさまざまな種類があり，性質が異なっている。用途(ようと)によって使い分けられている。

2 (1) ①位置エネルギー
②運動エネルギー
(2) (高温・高圧の)水蒸気
(3) 放射性物質(ウラン)

考え方 (2) 化石燃料を燃やして得た熱エネルギーで高温・高圧の水蒸気をつくり，発電機のタービンを回している。

3 ①伝導 ②対流 ③放射

考え方 太陽の熱が地球に届くのは，放射である。

4 ①原子力
②放射線
③健康被害(ひがい)

考え方 放射線は自然界にも存在し，厳重に管理すれば，さまざまな分野で活用することができる。

練習ドリル P.124・125

1 (1) ない。
(2) 再生可能エネルギー
(3) 化石燃料
(4) 二酸化炭素
(5) ①ウラン
②核燃料

考え方 (3)，(4) 化石燃料を燃やすことで，多くの熱エネルギーを得ることができるが，使用量とともに，環境(かんきょう)に悪(あく)影響(えいきょう)がある気体の排出(はいしゅつ)が増えている。

2 66

考え方 発生させたエネルギーのすべてを，利用できるわけではない。

3 ①対流 ②放射 ③伝導

4 (1) 石油
(2) 有機物
(3) ポリエチレンテレフタラート
(4) 生分解性プラスチック

5 (1) 天然繊維(せんい)
(2) 合成繊維（化学繊維）
(3) ①発光ダイオード
②吸水性ポリマー
③形状記憶合金

発展ドリル P.126・127

1 (1) ①位置エネルギー
②運動エネルギー
(2) 電気エネルギー
(3) 太陽

考え方 (3) 太陽の熱エネルギーによって水は蒸発して雲となり，雨となって降り，ダムにたまる。

2 (1) なくなることがない。環境(かんきょう)に悪影響(あくえいきょう)のあるものを出さない。など
(2) 気象条件に左右される。夜は発電できない。など
(3) 地熱発電，風力発電など

3 ①伝導 ②対流 ③放射

考え方 ③ものが燃えるときに発生する赤外線が伝わってきて，あたたかくなる。

4 (1) イ
(2) 少なくなっていく。
(3) 原子力発電
(4) 放射性物質

まとめのドリル P.128・129

1 (1) ① PE ② PET ③ PP
(2) ペットボトル
(3) ポリエチレン
(4) ポリエチレンテレフタラート

考え方 (4) 水に入れて沈(しず)むのは，密度が1 g/cm^{3}よりも大きい場合である。

2 (1) 化学エネルギー
(2) 化石燃料
(3) 二酸化炭素
(4) (地球の平均気温を)上昇(じょうしょう)させる。

考え方 (1)，(2) 化石燃料のもつ化学エネルギーが，燃焼によって熱エネルギーに変わる。
(3)，(4) 二酸化炭素には温室効果があり，二酸化炭素が増加することで，地球規模で気温を上昇させている。化石燃料を燃やすことで，ほかに二酸化窒素(ちっそ)や二酸化硫黄(いおう)も発生する。これらが大量に雨にとけると，酸性雨になる。

3 (1) ① 34 ② 41
(2) エネルギーの利用効率

考え方 近年，エネルギーの利用効率を高めるため，以前は失われていたエネルギーを利用するための取り組みが行われている。

4 (1) マグマ
(2) 光エネルギー
(3) 環境に悪影響のあるものがつくられない。
(4) 水力発電，風力発電など

定期テスト対策問題(7) P.130・131

1 (1) ①水　②強く　③浮く

(2) ①ポリ袋など
②ペットボトルなど
③食品容器など

考え方 (2) ポリエチレンテレフタラートの略称は，PET(ペット)である。

2 (1) 位置エネルギー

(2) 発電機

(3) タービン…運動エネルギー
器具X…電気エネルギー

考え方 図より，水力発電では，水のもつ位置エネルギーを運動エネルギーに変換し，タービンを回して発電機によって電気エネルギーを得ている。

3 (1) インターネット

(2) リチウムイオン電池

4 (1) ①自然放射線
②透過性（物質を通りぬける性質）

(2) 人工知能（AI）

(3) ①大気汚染　②地球温暖化

中学の理科 分野のまとめテスト(1) P.132・133

1 (1) 水にとけやすく，空気より密度が小さいから。

(2) 赤色から青色

(3) アンモニア

(4) $C + O_2 \longrightarrow CO_2$

(5) 気体C

考え方 (1)～(3) アンモニアは水にとけて，水溶液はアルカリ性を示す。

(4)，(5) 酸素の中で炭素を燃やすと，酸化されて二酸化炭素になる。よって，A…アンモニア，B…酸素，C…二酸化炭素，D…二酸化炭素である。

2 (1)

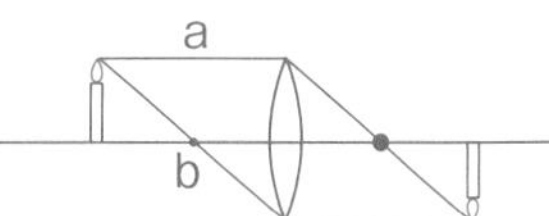

(2) ①近く
②小さく

(3) 10cm

考え方 (2) 光源を凸レンズに近づけていくと，凸レンズから像までの距離は遠くなり，像の大きさは大きくなる。

(3) 焦点距離の2倍の位置に光源を置くと，実物と同じ大きさの像ができる。したがって，焦点距離は2回目の距離の半分である。

3 (1) 中和

(2) 硫酸バリウム

(3) 中性

(4) $H_2SO_4 + Ba(OH)_2$
$\longrightarrow BaSO_4 + 2H_2O$

考え方 (1) 中和によって，白い沈殿ができた。

> ●中和のポイント●
> ・中和によって，酸の水溶液中の水素イオンH^+と，アルカリの水溶液中の水酸化物イオンOH^-が結びついて，水H_2Oができる。
> $H^+ + OH^- \longrightarrow H_2O$
> ・酸とアルカリの水溶液を混ぜたとき，酸の陰イオンとアルカリの陽イオンが結びついてできる物質を塩という。

(2) できる塩は硫酸バリウムである。

(3) 硫酸に水酸化バリウム水溶液を加えていくと，はじめは酸性を示している水溶液中の水素イオンが減っていき，水素イオンがなくなったとき，中和が起こらなくなる。このときの水溶液の性質は，中性である。

中学の理科 分野のまとめテスト(2) P.134・135

1 (1) 1.25 g

(2) $2Cu + O_2 \longrightarrow 2CuO$

(3) 右図

考え方 (1) 表より，銅と酸化銅の質量比は，4：5である。

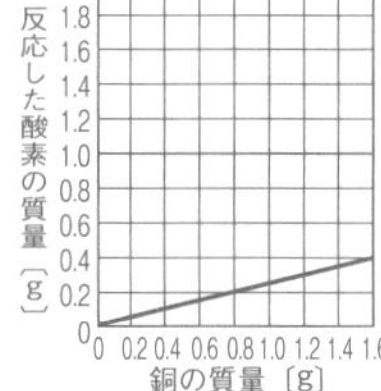

(3) 銅が酸化銅となって増えた分の質量は，反応した酸素の質量である。よって，0.4 gの銅は，0.1 gの酸素と反応している。このように考えてグラフをかいていくと，銅と酸素は，質量比4：1で結びついていることがわかる。

2 (1) 速くなる。(大きくなる。)

(2) 一定である。(変わらない。)

(3) 等速直線運動

(4) 40 cm/s

(5) 1.2cm

(6) 右図

(7) ①大きく

②大きく

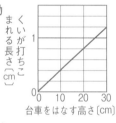

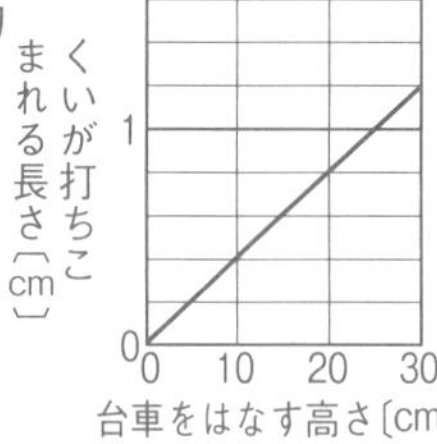

考え方 (1) 斜面(しゃめん)の傾(かたむ)きを大きくすると，台車にはたらく斜面に平行な下向きの力は大きくなるので，速さのふえ方は大きくなる。

(2), (3) 力がはたらかないと，水平面上の台車は，等速直線運動を続ける。

(4) $\dfrac{4.0\text{cm}}{0.1\text{s}} = 40\ \text{cm/s}$

(6) グラフから読みとると，1.0kgの台車は高さ10cmでは0.4cm，20cmでは0.8cm，30cmでは1.2cmくいを打ちこんだことがわかる。

(7) くいを深く打ちこむほど，はじめに台車がもっていた位置エネルギーは大きいと考えられる。図2，図3より，台車の質量が大きいほど，台車をはなす高さが高いほど，位置エネルギーは大きくなる。

3 (1) 電子

(2) A

(3) ＋極

考え方 (1) この明るい線を陰極線(いんきょくせん)(電子線)という。この線は電子の流れである。

> ●陰極線●
> ・真空放電管の電極に大きな電圧を加えると，－極から陰極線が出る。
> ・陰極線は，－の電気をもった粒子(りゅうし)(電子)の流れである。
> 〈性質〉
> ・直進する。
> ・－の電気をもっているので，＋極に引かれる。
> ●電子●
> ・陰極線は，－極から飛び出している質量をもった非常に小さい粒子の流れであり，この粒子を電子という。
> 〈性質〉
> ・－の電気をもっている。
> 〈電流と電子の関係〉
> ・電流は，＋極から－極へ流れる。
> ・電子は，－極から＋極へ移動する。

(2) 陰極線は－極から出て，＋極へ移動する。

(3) 陰極線は－の電気をもつ電子の流れなので，＋極に引かれる。

4 (1) 500W

(2) 15000J

2304R2